刘晨曦

著

先让自己
满·意

**勇敢成长
认真做自己**

中国出版集团
研究出版社

图书在版编目 (CIP) 数据

先让自己满意：勇敢成长，认真做自己 / 刘晨曦著.
-- 北京：研究出版社，2022.4（2024.9 重印）
ISBN 978-7-5199-1203-1

Ⅰ.①先… Ⅱ.①刘… Ⅲ.①心理学—通俗读物
Ⅳ.① B84-49

中国版本图书馆 CIP 数据核字（2022）第 009839 号

出 品 人：陈建军
出版统筹：丁　波
责任编辑：张立明

先让自己满意：勇敢成长，认真做自己
XIANRANG ZIJI MANYI: YONGGAN CHENGZHANG, RENZHEN ZUOZIJI
刘晨曦　著

研究出版社 出版发行
（100006　北京市东城区灯市口大街 100 号华腾商务楼）
北京中科印刷有限公司印刷　新华书店经销
2022 年 4 月第 1 版　2024 年 9 月第 4 次印刷
开本：880 毫米 ×1230 毫米　1/32　印张：9
字数：180 千字
ISBN 978-7-5199-1203-1　定价：49.00 元
电话（010）64217619　64217652（发行部）

时代 & 观点 ⋯⋯⋯⋯ 131

Part 3　徘徊在社会的十字路口，你丢了自己

时代病：现代人的三大顽疾

观点：你真的敢躺平吗？

自我 & 重塑　　　　　　　189

Part 4　破碎，粘合，新生

疑惑 & 发问 ——————— 243

Part 5　生命是一场发问，答案就是你的步履

父母要求我做什么，我就做什么；

伴侣希望我做什么，我就做什么；

社会中大家在做什么，我就做什么。

你是这样的人吗？

你的人生，也许还处在一个壳里。这个壳，有三层：

第一层是原生家庭，父母的控制欲和权力欲束缚着你；

第二层是两性关系，爱情和婚姻的复杂时刻困扰着你；

第三层是社会规训，大众化的意识形态牢牢吸附着你。

你总说，想做自己，可自己在哪里？

层层包裹，手脚和头脑都在蛋壳里，伸不开。

没打破这壳，说做自己，只是在狭小的空间里，摆出一个姿态，跟从流行段子，重复自我安慰。

不，你要彻底一点。

思考，思考，思考！

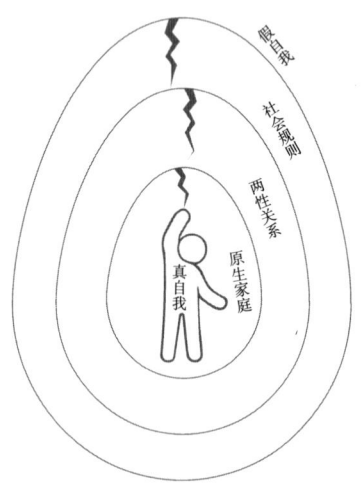

打破，打破，打破！

重塑，重塑，重塑！

活出满意的人生，要破壳。

先思考，去打破，再重塑。

你是否习惯了压抑和隐忍，活成了一个假自我？

父母们究竟是为了你好，还是在进行道德绑架？

走出原生家庭，需要走多久才能真正和解？

爱情是两个人的相处，还是一个人的修行？

女性独立是不是一句漂亮口号？真正的独立是什么？

婚姻中最糟糕的，是背叛出轨，还是从未真正爱过？

缺爱的成年人该怎么治，爱自己从哪里做起？

躺平真的舒服吗？不敢躺的人怎么办？

如果什么都打破了，该如何面对这未知的人生？

这些问题的答案，都藏在这本书里。

我是一名心理咨询师，一个情感主播，一个自媒体人，一名哲学爱好者。我这些年的工作，是上万小时的心理咨询和热线聆听，大量接触这个时代里人们的烦恼、痛苦、迷茫。

我总结了这些负面情绪的来源：

与原生家庭的冲突，

在亲密关系里迷失，

对财富和现状不满。

而这三个问题都指向一个命题：怎样活出满意的人生？

首先，要对自我和人生重新定义，从父母那里拿回属于自己的人生主导权。

其次，不在爱情的贪恋共生中，把关系当作温床和摇篮，逃避成长，逃避发展，逃避面对自我。

再次，在社会纷繁复杂的舆论观点和价值导向中，去涤除和清理，去审视和批判，形成自己的生活哲学。

最后，在一切打破后，重新黏合思维精华，像对待新生儿一样，养育自己的思想，照顾自己的感受，管理自己的生活，成为真正全然的、本然的、自然的自己。

这一切，会很艰难。斩断原生家庭的藤蔓缠结，在两性关系中保持清醒独立，在社会洪流中适当叛逆，每一次尝试，都可能会遭遇质疑。

可，唯有如此，才能活出自己满意的人生。

这本书前半部分 1 ～ 3 章的主题是打破，后半部分 4 ～ 5 章的主题是重塑。

如何独居而快乐，哪种金钱观是适宜的，做什么事去充实自我，如何重心向内思考，这是成为自己的四个基础。

能量、情绪、时间、社交、欲望，这是管理我们生命最重要的五个议题。

三次打破，四个基础，五个议题，重塑新生，成为自己。

　　这不是一本工具书，因为活出自己这个复杂的命题，只有思路指引，却无程序操作。

　　每个人的人生都是独特流变的，我只能带着大家来到我思考过的河流，与读者们漫游。这次漫游是我们生命的交集，也许你会找到答案，也许带去些许灵感，也许触动了你内在的真自我……一切都是也许，一切值得期待。

　　为活出满意的人生，我们要打破束缚，勇敢成长。

　　我是刘晨曦，33 岁，女性，心理咨询师，心灵哲学研究者，资深情感主播，天津卫视《爱情保卫战》情感导师，专注为当代人心灵困惑、两性情感、个人成长而探索、思考、表达、写作。

　　这本书，是我们的相遇，很高兴认识你。

个体
&
家庭

Part 1

揪着父母的衣角，你找不到自己

内在声音

你以为你是自己，其实你不是，你的"真自我"被"假自我"入侵了。

假自我

你为什么莫名其妙觉得不快乐？

你为什么会沉迷于游戏、赌博和其他成瘾性消遣活动？

你为什么经常觉得压抑焦虑不自在？

可能你活在一个"假自我"中。

什么是"假自我"？许多人的人生决定并非由自己做出，而是外部力量作用的结果。外部力量包括父母、伴侣、孩子等身边人，以及社会舆论、集体潜意识等。

人生来就有天性。未经教化前，人的情绪、情感、意愿都是发自内心的，由于种种原因，变成外部灌输的结果，自由意志从很早便开始受到压抑。

"一天天的不好好学习，就知道瞎画。""你给娃娃设计衣服，这长大能养活自己吗？""男孩学理科有前途，学文科没出息。""你看看人家英语成绩多好。""我这么说都是为你好！""所有人都是这么选择的。""你要相信我，这个才是适合你的。"……

言语每一天都在渗透，久而久之占领了大脑制高地，一个人便渐渐抛弃了"我觉得""我认为""我愿意"，开始习惯按别人的想法去感觉、去生活、去选择，这就是"假自我"。

"假自我"很乖、很懂事、很老实，符合每一个家庭成员的期待，符合学校、符合社会的要求。

"假自我"完全取代了原始自我。

原始自我是个体精神活动的动力，它有很多个体选择和个人意志，而"假自我"只是一个代理，它打着自我的旗号，实际代表的却是人被期望扮演的角色。

"真自我"想学美术，可"假自我"的父母替他选择了会计；"真自我"毕业后想去大城市试一试，可"假自我"被安排进了小城体制内；"真自我"喜欢一个艺术系的女孩，可"假自我"的家人说那样的女孩不适合结婚过日子；"真自我"说想创业晚一点要孩子，可"假自我"的妻子说早生早轻松。

三十出头的年纪，"假自我"在一个一眼望得到头的单位，跟一个追看宫斗剧的妻子，每天回家带两个孩子，争取下个月能买个学区房。

有时候"假自我"会做梦，梦见凡·高的画——《星月夜》，这幅以蓝色和黄色为主色调的画中，凡·高用饱蘸激情的条状笔触，搅动起旋转的旋涡。他初中的时候临摹过这幅画，梦里面，他看见自己也陷入了这个旋涡，直至吞没。

大多数人的原始自我都完全被"假自我"窒息了，"真自我"只会出现在梦里、酒后、幻想中。

"假自我"最喜欢下班后躲在书房玩《王者荣耀》。只有这一刻，他才能屏蔽妻子的唠叨、孩子的哭闹、爸妈的电话、领导的信息。他登录自己的账号，"真自我"在游戏世界里战斗驰骋，而且一打就是一晚上。

自我丧失后，人虽然看起来按照社会规则和他人期望良好运作，但是内心深处却备受怀疑的折磨，只有在游戏中、赌博中、自我幻想中，才能得到暂时的解脱。

如果没有发泄式的爱好，压抑、焦虑经常会莫名其妙袭来，情绪被大量消耗。

你以为你是自己，其实你不是自己，你的真自我被假自我侵占、剥夺了，有股力量在生命深处无奈地嘶喊，直到这声音被淹没。

一旦人生的某个重要决定开始违背内心，从此以后便步步偏离轨道，直到身不由己。

"假自我"想问那些人：为什么一开始，你们不允许我用"真自我"去面对人生？

他们回答：你懂什么，我们都是为你好。

"为你好"这句话的实质是"你这样做了，对我好"。

父母需要的是一个孝顺有出息的儿子，妻子需要一个负责又顾家的丈夫，孩子需要一个能竭力供养他们的父亲。

很多人活着是为了集体、家族、家庭、他人，他们从小到大就不被允许做自己。

在他们的世界里，小时候要懂事，长大了要孝顺，感情里要老实，老了也要尽责任，没有梦想，从生到死，活着就是为了满足别人的需求。

"真自我"是一个大写的"我"，而"假自我"的我被侵蚀，直到只剩下一具躯壳，写着"好儿子、好丈夫、好父亲"，里面都是空的。

"我"去了哪里？在压抑的情绪里，在狂野的游戏里，在虚拟的社交里，在梦里。

有人问，现在意识到了，"真自我"还能找回来吗？

能。

在社会和世俗的夹缝中，在属于自己的时间里，在那些蒙尘的回

忆里，找出真自我的线索。一开始会很费力而且无果。大量的自省、孤独、沉思，都能帮助"真自我"浮现，直到轮廓越来越清晰。

那个临摹凡·高的男孩又一次出现在"假自我"的脑海中。

"可是，画画，我这么大年纪了，我还能不能捡起来，而且能去做什么呢？"

做任何能做的事情，只要热爱。

"假自我"下班后，去学习了素描。他开始为孩子和妻子画肖像。

单位的同事惊异地发现，他竟然有这样的才华。

小区里办元宵活动，他打开画板支个摊儿为邻居们画手绘。

有人问：哎，你画得真好，有网店吗？我把我爱人的照片给你，你画一张，我送给她当生日礼物。

一家网上素描手绘小店开张了，从第一个订单开始，越来越多。每当夜晚作画的时候，"真自我"就坐在灯下，住进了"假自我"里面。

这是一天中最安静、最笃定的时刻。

白天，"假自我"依然要忙碌工作、家庭各种琐事，但比以前更加从容温和。家人问他怎么不爱打游戏了，妻子开心地说开网店赚外快了。

　　只有他内心知道，只要每一天有一些片刻，遇见
"真自我"，就足够支撑他度过这漫长岁月，也甘之如饴。

愿所有的"假"与"真"，在有生之年，终能重逢。

你为什么活得不快乐

一个人活得不快乐主要有四个原因。

第一个是基本需求未被满足。

马斯洛金字塔把人类的需求分为生理、安全、归属、尊重、自我实现五个等级。其中，生理和安全需求为基本需求，归属与尊重是中级需求，自我实现是高级需求。

基本需求就是衣食住行，食色，性也。如果说一个人已经有车了，想买更好的车，这不叫基本需求，是渴望被尊重的中级需求。

随着我国国民经济水平的提高，大家的基本需求大概都能得到满足。但在现实生活中，有一样基本需求被大家避而不谈，就是性的需求，比如追求异性屡屡失败、性压抑、性功能障碍以及无性婚姻等。

这些人群会呈现出什么特征呢？暴躁焦虑、做事分心、注意力很难专注，在这样的状态下，人就很难快乐起来。

第二个是真实自我被压抑。

什么是真实自我被压抑？你每天说的话、做的事、交往的人，有多少是自己选择且喜欢的呢？

社会中有些人的"真自我"被"假自我"代替了，每天都扮演着别人期待的角色。因为我们的社会家庭文化讲究伦理规范，强调集体家庭，推崇的理想人格是一个合规矩的人，是满足别人需求的人，很多人的真实自我被强烈压抑。

这样的生活持续久了，你不生病才怪？

情绪的不快乐你可能会先埋入心底，但压抑和别扭就像垃圾被埋到了垃圾填埋场，它们并没有消失，气味仍然弥漫在无法快乐起来的每一天。

真实的自我被压抑，平时你觉得没多大问题，但是你的睡眠障碍，你生活的虚无感，你情绪的焦虑和强迫，你的胡思乱想，都是"真自我"在发出警告，并提醒你：

你并不是你，你只是穿着戏服在扮演一个角色，一个你自己都不认同的角色。

我们要正视这种被压抑的情绪。

如果你长期不快乐，真的要好好思考：第一，是否要让部分的真自我释放出来，哪怕别人讨厌你；第二，是否要换一个环境，换一种生存方式，换一种跟别人相处的方式。

第三个是关系中的负反馈。

我们每天都处在各种各样的关系中。只要两个人有互动就是关系。在关系中收到大量负反馈的人，就会陷入不快乐的情绪。人是社会关系的动物，各种各样的关系就像镜子一样，你照哪面镜子都照出一张丑脸，这种感觉能快乐吗？

看看你身边的关系，不管是亲密关系、朋友关系，还是其他社交关系，关系里面谁给了你正反馈，谁给了你负反馈？每一天在不同的关系中，你是收了一筐新鲜水果，还是收获了一筐垃圾？

我们来比较一个月薪 5000 元的男人和一个月薪 5 万元的男人。如果赚 5000 元的男人在他父母、妻子、孩子面前得到的都是正反馈，那么他跟一个赚 5 万元，但得到的都是负反馈的男人的快乐程度是不一样的。

很多人说自己赚的钱不够，不够优秀，不够漂亮，并不一定是他不快乐的真实原因，而是有些关系给他们造成了自尊心的损伤，在负反馈中产生了自我怀疑和自我贬低。

·个人给你的反馈是正和负，其实并不绝对跟你有关，而是跟这个人的心态有关。如果一个人内心消极，自己过得不好，你就算再优秀，他还会挑出你的毛病。

一个人发出正反馈和负反馈，不是因为你是谁，而是他对自己的评价。他如果是一个生活幸福的人，内心正能量满满，他看别人会首先看到优点，而不是吹毛求疵。

　　我们在社交关系中要学会避开负反馈，收集正反馈，才会提升快乐值。

　　第四个是社会竞争与比较。

　　无论在班级里，公司里，还是在家庭里，竞争和比较是人类作为社会动物无法逃避的宿命。是不是只要活在竞争和比较里，人就很难快乐起来呢？总有比你优秀的人、过得比你好的人，比别人差的感觉，谁会开心？这是现代社会里影响情绪最严重的一个因素。

　　一个正住在出租屋里吃着快餐的人上网随便一刷，看到人家在豪宅里开派对，还有几个厨师，这是什么感觉？

　　每个人每一天都在经历这种落差感，这个社会的信息呈现的所有比你优秀的人都好像在提醒你：你还不够好。

　　作为一个社会人，不可能完全脱离社会竞争比较，但是我们能降低受影响的程度，从心态的成长、情绪的调整、人生目标的重置入手，而最重要的往往是第三点。

> 人最好设置一个独特赛道，让你的比较领域窄化，竞争人数比较少，让你的优势在这个独特赛道里发挥出来。

如果你是一个人生过半的中年人，奋斗得特别疲惫也没有收获，你一定要调整你的人生赛道，切换到一个让你快乐有成就的赛道，而不是跟一大堆选手挤大马路跑马拉松。

假设小 A 在企业工作，小 A 可以不把在企业内必须赢过别人、获得提拔当作唯一目标，完全可以把自己的书法爱好变成一个副业。书法老师这个赛道就是小 A 开辟的一个独特赛道：首先小 A 的企业职位能给他基本工资，还有晋升希望；其次书法老师每个月可以让他多点外快，使情绪的快乐程度有所提升。

斜杠青年指的是一群不再满足"专一职业"的生活方式，而选择拥有多重职业和身份的多元生活的年轻人。其来源于英文"Slash"，出自《纽约时报》专栏作家麦瑞克·阿尔伯撰写的书籍《双重职业》。

这些人在自我介绍中会用斜杠来区分，例如：张三，记者 / 演员 / 摄影师。"斜杠青年"便成了他们的代名词。

成为斜杠青年，便是从社会单一竞争体系中解脱出来，建立自己的发展赛道和评级体系。你的快乐不是赢过其他竞争者，而是不断更新和超越过去的自己。

独特赛道发展自己，真自我可以表达，关系中收集正反馈，基本需求大概满足，做到这四点，整体情绪快乐程度会有明显提升，甚至你的收入没有增加一毛钱，但是你的快乐程度可以增加50%以上。

在有生之年，成为你自己

我们对生命的要求如此简单，就是成为一个人，或者说成为自己，可很多人一辈子都无法实现这一愿望。

经常有人问我，心理咨询到底如何起作用？我会回复：让一个人成为一个人。这个答案让对方不得其解。难道这些求助者不是人？

生而为人，被理解，被尊重，做自己所想，发挥自己所长，有价值、有意义地活在这个人世间。

按照这个标准，大部分人，终其一生，都无法过上这样的日子。

现代人经常说三个字——做自己。什么是做自己？裸辞退学，环游世界，开客栈咖啡馆？这只是披上一件叛逆外衣的自由散漫，就如满臂文身一样的形式主义。

做自己的核心内涵是不断实现自己的潜能、智能和天资：一株草长成一株草，一匹马成为一匹马，猎鹰飞上天空，蜥蜴潜入沙漠；律师成为律师，木匠成为木匠，幼儿园老师在孩子身边……

这样的人间景象，该多美好。可惜很多人都住在社会安排或者被动选择的躯壳里，扮演假自我，这个假自我又跟另外一个假自我结合，组建了家庭，生出一个天真烂漫的婴孩，婴孩没过多久长大，却又开始重复走假自我父母安排的路。你问为什么，因为这样的父母本身，也从未尝试做自己到底是什么滋味，所以给孩子的命题，依然是——你，应该听我们的。

什么时候开始扮演假自我了？也许是幼年第一次因为喜欢飞行器被批评的时候，也许是选择大学志愿时不情愿地填下那个热门专业的时候，也许是毕业时听从长辈安排因为他们说为了你好的时候，也许是相亲遇上个姑娘谈不上多喜欢但是别人说很合适的时候，也许是走到半生却发现没有一天为自己活过的时候。

每一天都活在不属于自己的躯壳中，呼吸不到外面的空气，麻木地做一些烦琐的事情。很想努力，却又不知道如何开始；很想赚钱，却发现哪里都没自己的机会；很期待爱情，等来的却都是合适和般配、将就和凑合。

压抑的工作和情感，厚重的躯壳里锁住的灵魂，数十年甚至一辈子的自我欺骗，终于有一日在诱因触发之下爆发，演变成心理问题——抑郁、焦虑、强迫、人格障碍等。

来到咨询室，卸下这半辈子的面具和所有防御，第一次找到倾诉的地方，或平静或痛哭，**叙述的主题大多是：我不要！**

然后咨询师问他：你真正想要什么？

这时候，来访者都会愣住。每个人都在诉说自己不想要什么，却很少人思考过要什么！每个人都说自己承受了什么，很少人说要去改变什么。都住在过去，没把问题指向未来。

痛苦这种感受，就是生命开始提醒你，你要做出改变了。

做自己的前提是了解自己，了解自己的途径是尝试和反思、关系和孤独。

尝试有两种结果——成功和失败。成功意味着可以继续往前，失败代表此路不通或者方法不对。而每一次尝试，都是新的可能，都离你成为"真自我"近了一步。人不可能一出生、一成年就知道自己喜欢什么，擅长干什么，要在很多次试错中，在错误和正确的累积、思辨中，慢慢看清方向。

关系和孤独是什么呢？关系给你反馈，而孤独让你专注。人无法看清自己的模样，只能在关系中、从别人的评价反映中，渐渐看清自己的实力。如果你的圈子很小，或者只有近亲，那这样的反馈就没有客观价值。只有投身人群和社会，多收集这样的反馈，才能得出综合分数。这，才能趋近真实的你。

社交之外，孤独也很重要。不经历孤独的人，很难有专注的时间，很难专心投入，很难积累量变达到质变。孤独让人靠近自己的内心，不得不花大量时间反思、沉淀，继而达到平和。

了解自己，清楚自己的情绪、感受、直觉、判断、抉择，为这一切开始负责，一个人才终于开始成为一个人。

人本主义心理学认为，人类有一种天生的"自我实现"的动机，即一个人发展、扩充和成熟的趋力，它是一个人最大限度地实现自身各种潜能的趋向。

翻译一下，每一个正常的人犹如一粒种子，只要能得到适宜的环境，就会生根发芽、长大并开花结果。每个人在其内部都有一种自我实现的潜能。

我们天生都有做自己的意愿和能力。

生命能量无法在适当的环境中释放，只能以压抑和扭曲的方式，一生中如影随形。所以我们看到的不自觉的强迫、变相的囤积、无意识的回避、攻击性行为，都是无法让一个人做他自己所表现出来的问题。

让一个人成为一个人，就是让他开始意识到自己的天赋、自己的潜能、自己所愿达成、自己心之所向，让一个人的价值最大限度地发挥，用自己的方式过完这一生。

打开蒙尘的回忆，捡起幼年的嗜好，回想你第一次得奖是因为什么，做什么事的时候时光凝固毫无察觉，哪份工作让你成就感、满足感最大。这些都是矿藏。

每个人都是守着矿的百万富翁，却一直往外寻找所谓的金钥匙。

一把钥匙一把锁，你的路，必须自己寻找。

拾回潜能后打磨技能，结合职业在社会中换得劳动回报，生存问题得到解决，再不断随着经验、能力提升，追求卓越。

记住这句话：人活着，唯一受限的就是要衣食住行的供给；除去法律、道德、伦理的限制，其余都是外力强加。

特别是精神自由、情感自由，要充分地交给你自己。

困在笼子里很久了，你还有翅膀，不能忘记飞翔。

让一个人成为一个人，他拥有学会本领在社会生存的能力，他拥有选择朋友和伴侣的自由，他在不影响社会和他人的前提下决定生活方式。他活着的每一天，尽情地舒展。自信，与真实的自己连接，与宇宙的存在同频。

让一个人成为一个人，先要打破一些东西，才能重塑自我。

打破原生家庭的阻碍，打破两性情欲的迷思，打破社会观点的捆绑，不断地提问和怀疑，不断习得掌控自我。

把脑袋里所有的意识都经过思考取舍存留，把所有"应该"改成"我可以怎样"，重新塑造内心真我的意识，找到直觉的力量，加上理性的规划，一个人，走上了成为一个人的路。

这世上最好的祝福不是别的，希望你，有生之年，成为你自己。

成人的心智层次

　　见的人多了，发现不是每个人的心智发育水平都真的是成年人。事实是，这个世界满是"婴儿"，很多成年人是以婴儿的心智活在这个现实世界的，痛苦和无助总会伴随着他们。

　　如果一个人总是情绪不稳定，暴躁易怒，喜爱抱怨；如果一个人习惯了做网络杠精和键盘侠；如果一个人在生活中总是习得性无助和崩溃，那么，他可能只是一个"婴儿"。

　　人按照心智发育水平、思维认知、行为习惯，可以分作三个层级：婴儿—成人—强者。

1. 第一个层级：婴儿心智

　　婴儿心智的人他们经常会说这样的话："别人应该怎么对我""我

的伴侣应该怎样""为什么他是这样的人""这个社会怎么这样""我的孩子怎么不听话"。

婴儿的关键词是"他人"与"应该"。婴儿总是对外界有所期待，总是希望别人为他做一些事情，总是觉得别人都应该满足他的要求。

婴儿是这三个层级中最容易情绪化的人，他们的情绪次序是：失望—愤怒—无助。期待落空后引起失望，失望引起愤怒，愤怒宣泄后产生无助。

婴儿是不会思考和改变的，他们习惯于失望、愤怒、无助的轮回。如果某一次情绪到了极点，触发婴儿不得不做出改变，他们才有可能进化为成人，成长到第二个层级。也有一些婴儿，一辈子跟坏情绪共处，至死都不明白为什么这个世界总是令他不如意。

婴儿在社会中是成年人，所以他们会恋爱、结婚、生子，可是总不那么顺利，他们习惯于指责伴侣，恋情有始无终，婚姻总是鸡飞狗跳，孩子总是顶嘴叛逆。婴儿总觉得上天格外亏待他，总是遇不到对的人，生不出懂事的孩子，运气一直很糟。可以说，跟坏情绪对抗已经耗尽了他们的大部分精力，他们很难在一地狼藉中找到专注的目标去努力。如果出身不错，他们靠着父辈的庇荫还能尚且安稳度日，或者衣食无忧；若出身贫寒，加上婴儿心智，则容易陷入生活、情感、经济的泥潭。

2. 第二个层级：成人心智

成人的关键词是"合作"，他们经常说的是"我该如何与人合作""怎样才能与人相处融洽""如何努力取得成功""怎样让领导喜欢我"等。

成人与婴儿最大的不同是从"别人应该"变成了"我应该"。成人更加主动，把对外界的期待变成了自己的行动；成人更懂得换位思考，必要时也会妥协和退让，这都是婴儿所不具备的品质。

成人的情绪状态相对平稳，适度焦虑，为了生存的努力从未停止。很少向外展露情绪，更多时候是自己默默消化。成人的合作规则是"公平"，他们善于计算和平衡，从不亏待别人，也不允许自己吃亏。

成年人最大的进步是善于换位思考，他们没有婴儿那么任性，多了一分隐忍和承担。婴儿纠缠于情绪，成人纠结于得失。

3. 第三个层级：强者

强者的"强"，更多的是顺应、接纳、自我改变。
强者的关键词是"给予"：我可以给别人什么。
婴儿是索取，成人是权衡，强者是给予。婴儿思维是"别人应该"，成人思维是"我应该"，强者思维是"我可以"。成人比婴儿多了一分主体感，强者比成人多了一分豁达。成人拿回了主动权，强者更多的是顺应规律。

从"应该"到"可以"，就是一种智慧。我更愿意称之为"智者"，因为智慧跟强大本来就是一体。

强者的情绪状态是平和喜乐。平和来源于心态稳定，喜乐来源于不断付出。他们能包容婴儿的任性，也能与成人合作，他们对世界只有给予和爱，没有别的期待和要求。

强者相信的是"能量守恒原则"。对这个世界的每一份善，都会回到他身边，只是有些比较晚，但善意永远值得。

人生是一场修行，这场修行便是从婴儿到成年，直到变成强者；从"别人应该"，到"我应该"，到"我可以"；从执着索取，到兼顾平衡，到给予帮助；从我执，到小我，到大我，直到无我。

走出原生家庭

爱的传承比"孝"重要，先让自己满意比让父母满意更重要。

自恋型人格的爱

我曾经接过两个咨询。

一个未婚的女孩，告诉我她母亲为了让她尽快结婚，把她锁在屋子里不让她离开，带媒人来家里相亲。明明女孩不喜欢，认为不合适，母亲却逼着他们一起吃晚饭，强迫女孩子答应。眼看男方家就要带彩礼过来，真的要进入婚姻时，女孩依然被限制在家里，她非常痛苦，打电话向我倾诉。

一个离异的男士，咨询为什么他前两次婚姻都失败了，为什么这些年的恋爱都没有结果。在咨询过程中，基本上都是他在说话，我毫无插嘴的机会。他滔滔不绝地诉说自己如何善良隐忍，对前任们如何无私补偿，对女友们如何体贴疼爱，同时强调自己事业有成、身家不凡。问我，他如此优秀，却为什么没有美好的爱情降临。

未婚女孩说，她母亲说是爱她为她好，不想她年纪大不好嫁人。

离异男士问，他明明很爱她们，为什么她们都离开了他。

这两个案例里，都提到了"爱"字。

他们说的爱，不过是一场漫长的自恋。

自恋型人格的特征：对自我价值感的夸大，缺乏对他人的认同感。

对自恋人格的人来说，自己的需求是最重要的。尽管他们可能在对待伴侣或养育孩子的某些方面看起来很优秀，但归根结底，他们总是会优先考虑满足自己的需求。哪怕让伴侣和孩子痛苦，他们也不会考虑他们的感受。

他们无法与别人共情，也不会体谅别人，甚至，他们根本看不到别人。伴侣和孩子只是其自恋人生的一个棋子和配置。自恋人格是看不到别人的个人意志和需求的，首先看到的是"我的妻子""我的老公""我的孩子"。他们既然被冠以"我的"，就应该满足"我的"期望和要求。

正常人看到自己的行为造成了别人的痛苦，第一反应是停下来，共情和理解。而自恋型人格的人，根本看不到任何人，他们更在意对面的人是不是一个理想的棋子，有没有满足他的人生需求。

自恋人格是如何形成的呢？

这往往和患者的早期经历有关。其中一种可能是，如果一个婴儿一出生就有一个冷漠的母亲，婴儿得不到爱抚，情感上不被满足，孩子在三岁内只有一种策略来回应母亲的冷漠，他们可能变得不那么哭闹，比较乖巧，导致建立一种早熟而脆弱的自主感，这种自主感会感受到自己全能的幻想，用自恋隔离外界的无回应，久而久之就形成了一个人的孤岛，成年之后用过度补偿的方式寻求关注和回应。

因为婴幼儿时期体验不到被关注，所以一辈子都需要外界满足自恋：我很可爱，我很招人喜欢，我很完美，我很有能力。所有进入他的世界的人都要去时时刻刻满足这种自恋。

第一个案例里的母亲应该能看到自己孩子的崩溃和痛苦，但是这个时候，她不是优先感受孩子的感受，在她的世界里，不是当事人女孩需要婚姻，而是作为"她的孩子"，"她的孩子"应该在这个年纪过上她理解的正常生活。这位自恋型人格的母亲感受不到一个作为独立个体存在的女孩，感受到的只有她生命的延展、她自恋的满足。

对"我"的自恋，对"我的东西"的控制，没有"你""你们""他们"，她的配偶、子女，任何人际关系，都是她人生里应该成为的样子，而不是别人想要成为的样子。

第二个案例里的男士，满口都在强调自己的优秀和完美，没有一个字的反思，都是攻击向外，强调伴侣方的过错，好像世界欠他一份爱情。

自恋型人格其实不会自私，他们恰恰会在关系中去付出，但是这种付出不是为了对方的需求，而是满足自己的道德感和表现欲。

"你看，我对你这么好。""我为你付出这么多。""这世上有谁比我好？"

这容易让人误会，可是往下细究，这种付出往往带有隐性成本。

"你，既然得到了，那接下来，配合我的自恋吧。"

这种自恋型人格的人需要周围人的高度关注、高度配合、高度满足。他们前期的付出等于预购了一个舞台、一个配角演员、一厅的观众，而他是主演。他必须拥有最多的戏份、最多的话语、最多的支配权，而舞台、配角、观众要乖乖陪着他，其他人尽量少发言或者不发言，看他表演，并随时回应满足他。

一个自恋型人格的人的爱情往往不需要两个人，只需要一个人，他自己贯穿始终，伴侣必须是崇拜、仰视他的人。

自恋型人格的伴侣，是没有任何话语权、表达权和意愿的，她 / 他在情感关系中是满足对方存在感的一个人偶。人偶需要什么权利，人偶只需要好好成为"我的"伴侣啊。

没有人会长久忍受这样的关系，哪怕得到了物质，任何人都需要被看见，都需要情感的回应。

于是最后，**自恋型人格要么逼疯一个人，要么赶走所有人。**

如果是父母，拥有孝道的权威，他们可能会逼疯孩子；

如果是成年人，自恋的扩张赶走了所有人，因为没有人想成为一个人偶。

冷眼看这世间，有多少孩子是为了满足父母的自恋而生，又有多少人在寻找爱情满足自己的自恋。

送孩子去学钢琴，是真的为孩子培养艺术细胞，还是因为自己年少时没有学钢琴有遗憾，希望在孩子身上得到满足？

找一个优秀的伴侣，是真心爱慕这个人，还是这样的伴侣能衬托自己的魅力，显示自己的能力？

"我是为你好"，是真的为对方好，还是这样行为表现的伴侣和子女能更好满足你理想人生的自恋？

有多少人，能真正看清楚自己生活中的爱人、家人真实的模样？又有多少人能明白这些人并不是为了满足你的期待和设想而生，他们是活生生的人，有意志，有尊严，有自由，有优点，有缺点，有人性的闪光和缺憾。

我们这里要更正一下爱的定义。

爱是什么？爱首先是接纳，看到别人，接纳真实的个体；其次是助人成为他自己，而不是你想要的人生配置。

爱不是活在自恋中，也不是让他人服务于你的人生。
跳出自恋，看到世界，看到他人，最后看清自己。

中国式夫妻的战场

有些人过剩的权力欲，往往释放在家庭中。这是很多原生家庭不幸福的根源。

这个年代的我们没有经历过战争，但也许很多人心底都有一个堡垒、废墟、地道、防空洞，那是家庭隐形战争留下的痕迹。

家庭，怎么会有战争呢？

"家要谈爱，不是讲理的地方。"

"我这么做都是为你好。"

"我管你，是因为你是我儿子 / 女儿，陌生人我怎么不去管？"

这是前方三个烟幕弹，看看这三类武器的作用。

第一句，它意味着，你要放弃你的原则，抹去界限。

第二句，它意味着，对方开始控制你了。

第三句，它意味着，近身搏斗和绑架。

三个烟幕弹过后，基本上幸存者寥寥无几。这场战争不仅有武器和火力，还掺杂着眼泪、说服、内疚，还有终极大杀器——孝道。

从这个战场中走出来的勇士，万中无一。他们没有回头看弥漫的硝烟，头也不回地去了远方。

家庭的功能主要是三个：集体、繁殖、情感。

中国有漫长的农业文明史，进入工业时代不过一百多年，农业文明的基础就是血缘亲族关系，这是保证农耕生产力的必要基础。宗族观念是我们的集体潜意识，是老祖宗一代又一代奋力求生的遗留忠告。

繁殖是为了基因传递，过去的年代，个体抚养子女的困难度何其高，只有依靠家庭，才能抚养后代长大，保证种族延续。

情感是第三个功能，人是具有思想和情感的高等生物，特别是动荡年代，家庭带来的安全感是无可替代的。

家庭的必要性和重要性是毋庸置疑的。

但，家庭的组成是人，我们现在说一说人。

尼采说，人的本质就是权力意志。

人类社会就是一座等级金字塔，人类的历史就是权力的更迭，人的骨子里刻着对权力的向往。

社会是一座大金字塔，组织单位是一座中金字塔，那家庭，就是一座小金字塔。权力的争夺，每天都在发生。

每个新家庭就是新的权力组织，夫妻之间的矛盾大多围绕"这个家到底谁说了算"。

这种战争明面上的胜利是男性，因为他们占有了大部分物质资源，但是女性会通过性、生育、眼泪等软性控制，随时争夺这个金字塔顶端的位置。如果夫妻原生家庭的四位老人并不甘愿退出战争舞台，时不时进入权力争夺，那冲突会随着角色的加入而复杂化。

但还好，两个人，加上新婚、情爱和性的润滑，有个还算安宁的状态。

终于，孩子出生了，一场漫长的战争拉开序幕。

妻子因为生育逐渐退回家庭，社会连接切断，丈夫每日辛劳在外工作供养家庭，两个人因为新生儿的到来忙得焦头烂额。

这时候却又是需要重新确立权力位置的时机。妻子因为怀孕生育的巨大付出，自认为理应位居权力顶端。丈夫作为唯一物质资源的占有者（注：物质资源在战争中等于核武），自然不会让位，同时以"核武"威胁。几番较量之后，妻子以抚育孩子辛劳无暇为由，放弃了争夺。

不要相信女人。

她，并没有放弃，而是把她的控制欲，伸向了她的孩子。

那是她在这个社会、这个家庭唯一可以控制的，她甚至都控制不了自己的人生，但这个婴儿，她确认可以。

孩子 1 岁之前与母亲是甜腻的共生期。通过养育和哺乳，这个时候女人会感受到与另外一个生命结合无与伦比的紧密感（这种快乐甚至高于她跟丈夫的性生活）。但是渐渐地，孩子会说话了，孩子开始说"不"，"我不要吃饭饭""我不要穿这个衣服"。

妻子惊恐地发现，这个两岁小人儿都开始反抗控制了。

还好还好，镇压得住，小人儿还要供养才能长得大。

而此时，那个游魂一样的丈夫，金字塔的权力意志似乎变成了傀儡君主，变成了家庭中可有可无的提款机。

丈夫惊异地发现，他当年射出的一颗无足轻重的精子，竟然长这么大了，可以一板一眼地背唐诗、做算术，还能对着电视说出一个他都不会讲的单词。

而妻子骄傲地说，"你看，离了我，孩子连饭都不好好吃"。

如果这时丈夫在他的小公司混个一官半职还好，下面有几个小职员可以管管，他的权力欲会得到满足，会继续让妻子在家里傲骄下去。

如果这个男人并没有在快中年的时候取得半点儿能管一两个人的成就，他头顶是无数要管理他、命令差遣他，甚至随便责骂他的人。在社会的金字塔，他处于最低层。

都没有人听我的话！这个男人被上司骂了之后，灰头土脸地回到家，看到了他半大的孩子和傲娇了好几年的妻子。

家庭的战争再次爆发。两个君主，争夺一个子民的臣服。

这个臣民刚刚学会"orange"怎么说。

"我让你送他去学跆拳道，你偏不听，学什么拉丁舞，那是男孩学的东西吗？"

"你总是说我，你管过孩子吗？就知道下班回来瞎唠叨。"

这一次战役相当漫长，拉锯战直到孩子进入青春期。

这个小毛孩子第二性征开始发育了，喉结、睾丸、莫名其妙的体内躁动，直到他开始关起卧室的门。

此时，战争中两个死对头却结成了盟友，开始迎接新政权的造反。

"这孩子怎么回事，连我们的话都听不进去！"

"你去看看，把他的门敲开，看他在干吗，一整天都关着。"

这个时期的战争是最惨烈的，是新政权的崛起；第二次惨烈战争是小毛孩结婚的时候，新政权彻底取得独立。

后来，小毛孩又生了小毛孩。

两个老人，小毛孩，小毛孩妻子，小毛孩的小毛孩，他们的战争又开始了。

为什么总是吵架（战争）？

因为我爱你，我为你好（因为我想控制你）。

为什么要控制家庭成员？

因为我无法掌控我的人生。

为什么你无法掌控呢？

因为……因为战争。

后记：中国人的一生为父母而活，而他们的孩子也会步其后尘。

没有为自己活过的人，一旦成为父母，会不自觉模仿他们的上一辈，用"孝道"控制下一代。命运轮回，每个人都是"愚孝"的受害者，又继续成为"愚孝"的传递者。

为自己的生命做主，这是人最基本也是最重要的人生权利。

爱的传承比"孝"重要。成为自己，走出控制欲家庭的废墟。

在遥远的地方变成你想要的样子

这篇文章送给那些因原生家庭而痛苦的孩子。如果你在家庭中感受到更多的是负面情绪，那么，请你搬出去住，去一个遥远的地方。

搬离，是重新生长的开始。

年轻人，我知道你莫名的愤怒和不得志；我理解你特别想要过自己的人生；我知道你困在一个自己打不开的局里。

不是每一个家人都懂得爱应怎样表达。他们虽然年长，可是并不明白如何让一个生命成为他想要的样子。

如果有人困在固有的认知里，没关系，你要明白为什么。

对此，你最好的策略或许就是搬出去住。

原生家庭是一个需要常回去看看但不能常待的地方。

见过那些热忱勇敢的年轻人，都是在遥远的地方变成自己想要的

样子。他们脱去了原生家庭的壳，长出新的轮廓。

爱一个人的前提，是自己先幸福强大起来。

你的虚弱附着在同样虚弱的父辈上，是一场生命的漫长消耗。

狼崽子要去旷野，蒲公英要飘去远方，猎鹰终有一天属于天空。中国父母的爱，太过紧密，紧密到窒息。忘记了子女的归宿不是原地，而是他该去的方向。

请不要有任何抱怨和责问，你只需要知晓为什么，然后去收拾行囊。在每个重逢的节日，带着你崭新的样貌。在家乡需要你的时候，带去最丰盛的回报。

我无法说得更直白，只希望那些被爱的枝蔓困住的年轻人，不追问，只是拿出成长的镰刀，斩断、脱离、更新，让一个人成为一个人。

这不是离经叛道，这是为生命宣示主权。

搬出去，背起行囊，买一张车票，租房安顿，体验颠沛、社会艰辛，然后拿着第一份工资，去体验成长的每一步。

当你看到同龄人的安逸，我知道你会动摇，怀念那曾经的温床。

可让身体安逸的地方，精神是不安宁的。精神能够成长的地方，身体是要辛苦的。特别是，出身平凡的你，毫无依傍。

我曾经以为自己一辈子就那样，上大学，毕业，长到二十多岁，找个男人嫁掉，生两个孩子，等着孩子长大，老去。

后来，我觉得好像有一些不对劲。我觉得，我可能需要的跟别人不大一样。于是，挣脱了这条必然路径，我去学那些我感兴趣的科目，去尝试非主流的工作。我三十多岁去读研究生，至今并不急着成家。

你看，人生完全不是我们设定的样子。你也是，千万不要设计得太周密，你可以再勇敢一点。

我喜欢一句话，生命就是练习死亡。你对死亡的理解，就是你的人生展开的方式。

畏惧死亡的人，渴求每一步的安稳；直面终点的人，需要透彻地活着。

做心理咨询这些年，我遇见过太多"听话"的孩子：听父母的话、听社会的话、听别人的话，做一份别人说正统的工作，娶或者嫁一个别人说合适的人。

可是那个深夜辗转的灵魂，它，睡不好。

如果一个人看起来活得特别"正常"，可能他的内心却很不正常了；如果一个人活得很"不正常"，也许他的心正常舒展。

要求所有人"正常"的社会是病态的，允许个体"不正常"是尊重人性的。

我的读者们，你可以活得"不正常"。

请你不要再被评价为"听话""老实""懂事""孝顺"，我知道，你累了，也厌倦了这样的生活。

一个无法自主的人生，是遗憾的。

幸福，有很多定义，首要的，应该是凭着自己的意志，有最多的掌控。

我也曾被社会、家庭、文化、舆论拷问过。我该怎么活着？你知道，一个三十多岁、自由职业、在大城市的女性，是最容易被质问人生选择的。

你猜我怎么回答的。

只要我纳税，不违法，靠自己的技能去工作、生存，剩下的人生，我说了算。

人生最不遗憾的事情，就是独自在陌生的地方，坚强、自立，变成自己想成为的人。

远离那些否定、指责、打压，去跟那些让你自在、自如、自信的人交往，以你为主体选择朋友和恋人，发展人际关系中亲密的关系，你像一棵树，拔离生病的土壤，移植到更健康的地方，直到根深叶茂不可撼动。

请你照顾好自己的身心，用自己的技能换钱养活自己，保持良知，无愧于社会。

太熟悉的家乡，会困住你的想象。

远方，就像重新从子宫到产道，第一次啼哭，长成你新的模样。

重塑自己的第一步，就跟原生家庭说一声：对不起，我要搬出去住。

走出原生家庭，需要十步

走出原生家庭，我们要经历十个阶段：冲突期、攻击期、学习期、溯源期、剖析期、排毒期、理解期、保护期、新生期、和解期。

知来处，寻归处，为生命负责，为未来而活。

1. 冲突期

冲突期指关系冲突，情绪不稳定，生活不顺，能量堵塞。

如果你处于一个关系的冲突中，与别人关系相处不好，自己的情绪也非常不稳定，感觉到自身能量堵塞，就是说不出来，心里憋得慌，做任何事一直都不是很顺，人生不甚如意。看到这段文字，请继续往下看。

2. 攻击期

自我攻击是抑郁，外向攻击是暴躁。

因为关系冲突，情绪不好，能量阻塞，你会选择自我攻击或对外攻击。

自我攻击会变成什么呢？抑郁症。抑郁症就是自己骂自己，自己打自己，自己谴责自己，直到渐渐失去活力、行动力、生命力。

你总以为是自己犯懒，日子没劲儿，自己矫情想太多，其实是自我攻击的内耗带走了生命的能量。

对外攻击就是暴躁和愤怒，总是与别人斗气，跟别人争执，朝别人发火，一点外界的批判和指责就点燃了情绪的炸药桶。当然你的亲密关系、婚姻家庭，也总是充满了硝烟，伴侣说你脾气不好，孩子也怕你躲着你。

3. 学习期

萌生改变想法，开始学习成长。

70% 的人会停留在第一个和第二个状态里面打转，一直发火，一直不顺，甚至停留大半辈子或者一辈子。

也许你看到过一些老年人或者你们的父母辈正处于第二阶段，他们因为认知水平有限，没有资源和机会，就很可惜地错过了人生的改变和幸福的可能。

你觉得这么过好像不对劲："我不能再继续这样的生活了。""我不能再继续发火了。""我不能再继续抑郁下去了。"所以你们开始学习，接触关于情绪和心理学方面的知识，开始对人生展开深刻的反思。

4. 溯源期

溯源原生家庭，掀开蒙尘记忆。

弗洛伊德认为一个人的人格 6 岁以前就形成了，而 0 ～ 3 岁是性格形成关键期。

我们要了解为什么你会变成这样的人，为什么你的脾气和性格是这样的，一般来说会追溯到原生家庭。

搜集一些信息和资料，关于你的父亲母亲，有一些家庭治疗会询问你的爷爷奶奶、外公外婆和你的一些近亲。了解他们的行为习惯，他们之中是否有精神病或者人格障碍。通过这些资料，我们就基本了解你的原生家庭状况。

你成年后对外界的反应，与他人的相处，跟你早年生长环境里面的互动模式有关。

如果幼年的你得到养育人的关心和爱护，你会对外界产生信任；

如果你经常被鼓励和认可，你会成为一个高自尊水平的人；

如果你常年被人否认打压，你会变成一个自卑敏感的小孩；

溯源原生家庭，重走一遍过去的路，并不是怪罪原生家庭，只是让你清楚地看到，你是怎么样形成现在的人格的。

溯源原生家庭会带出大量你已经遗忘或者压抑在内心深处的回忆，这个过程可能并不愉快，很多人会有心理防御和阻抗，需要咨询师的耐心接纳与共情才能完成。

5. 剖析期

剖析原生家庭互动模式，探究生命起初的你如何与人相处。

我们开始进一步梳理细节，原生家庭互动模式的剖析主要包含四个互动：你的父亲和母亲是怎么互动的，你和母亲是怎么互动的，你和父亲是怎么互动的，以及跟兄弟姐妹是如何相处的。哪一种互动模式你印象最深刻，就对人格形成产生最强烈的烙印。

0～8岁的儿童对世界还没有一个完整的认知，家庭几乎是孩子的整个世界，在什么样的环境下长大，儿童就会被塑造成什么样子。

这个互动模式让你理解：原来我的性格并不是因为我天生如此，是因为我在这样的互动模式里待了这么久，已经形成了自动思维反应了。

什么是自动思维？比如说同样一个人，被公司的同事说了句坏话，小A会觉得没什么，下班就忘了；小B却觉得非常懊恼，影响了好几天的心情。被人批评这件事，触发了小 B 童年时跟母亲相处时的互动模式，引发了小 B 的自动思维：同事不喜欢我，我很糟，我不行。

这个阶段一般来说要经过专业的心理分析，或者需要咨询师的引导，或者你有非常扎实的心理学基础，才能走到第五步。

大部分人只能溯源到第四步，只觉得爸妈对他不好，但是他对互动模式的剖析不够细致，所以第五步非常重要。

6. 排毒期

怨恨、委屈、隐忍等情绪都需要被看见和表达。

经历了溯源和剖析两个阶段，你会有怨恨、委屈、难过的情绪，这都是很正常也很自然的，我们要允许这些情绪发生。

"为什么我年龄那么小，他们却要这么对我？"

"为什么妈妈给我的爱那么少？"

"为什么小时候爸爸打我那么狠？"

来到怨恨情绪这里，我们开始排毒工作，来访者一般都会经历情绪的崩溃。

这样的情绪应该把它发泄出来。一般来说，发泄最好的方式是找咨询师，因为我们太了解这个步骤了，所以你朝我哭、朝我闹都可以。

　　也有一些人会直接向父母发问或发泄，这是一个向父母表露心事坦诚沟通的机会。

　　但更多人会选择继续压抑和隐忍，这种做法不建议采纳，因为情绪需要出口。

　　如果没有咨询师，建议找一个安全的人，在自己的爱人、好友中选择一个能理解你的人倾诉。

　　有一些咨询师会认为这种恨是不应该的，因为这种对父母的情绪不符合我们的传统伦理。我认为在适当的环境和场合，要允许来访者排毒。

　　排毒会产生两种结果。

　　第一种人会一直在排，一直没完没了地在情绪里打转；第二种人在排毒释放情绪后，恢复了理性，想到了父母也并没有被他们的父母善待，甚至想到爷爷奶奶辈也没有被太爷爷太奶奶善待，会意识到是不是他们在童年时遭受过比自己更糟的养育状况，被粗暴地对待过，所以他们无意识地继承了这种互动模式，然后在子子孙孙的养育过程中又传递给了你。所以，第二种人排完毒之后就一定会想到这一点：那我的父母有没有毒呢？

　　很棒，这个时候代表他要走到第七步了，这需要一定的理性力量。因为很多人容易停留在情绪里不出来，认为是父母造成自己人生的不如意，这不是排毒，这是狭隘。

7. 理解期

很多做原生家庭疗愈的人，走到第六步就不愿意往下走了，在怨恨中一直停在第六步。

难道父母小时候就很幸福吗？

难道爸妈想要变成一个这样的控制狂吗？

难道爸妈小的时候就没有被忽视过吗？

你忽然会顿悟，原来我的爸爸妈妈成为这样的人，跟爷爷奶奶有关，而爷爷奶奶呢？

你理解了**家族业力**这个概念，然后你也理解了父母的性格跟他们的原生家庭有关，从此你的怨恨就降低了，因为你很庆幸你能有这样的认知和这样的机会，可是他们没有。你的父母现在可能还在第一和第二阶段打转，这个时候你产生了对父母的同情。

8. 保护期

你需要一段隔离期，让自己恢复能量，开始自我负责。

第八步的关键词叫作保护。保护是什么？

你需要一段时间，这个时间或长或短，短则一年，长则好几年，你需要跟父母不再同住，搬出去，去自己想去的城市，甚至远方。

别离是为了保护你的成长。如果你不快乐、不幸福，充满了自我攻击和对外攻击，这是最不幸的。是的，父母在衰老，他们可能并不同意你的搬离，但你的离开并不是不孝也不是无情，是你要新生，要让自己变成一个更强壮、更健康的人，让你的生命机体恢复，得到充分的疗愈。

你得明白，如果跟父母长期在一起，维持旧的互动模式，你又会变成原来那个样子。你太了解这个过程了，所以你要开始保护自己一段时间。

这个时候对父母的情感是有一些同情，又有一些恨，恨中又有爱，那说明你正在成熟。你不再一边倒地爱他们，也不是一边倒地恨他们，爱恨交加是比较正常的情绪。因为如果你一边倒地爱他们，就好像只有他们是对的，你是错的；如果你一边倒地恨他们，难道你就绝对合理吗？

跟自己复杂的情绪和情感多待一会儿。

你会渐渐开始新的生活，你的能量会开始恢复，自我开始负责，你情绪中的攻击性减少了。

第八个阶段是最难的，做隔离工作、理解工作、同情工作、复杂情绪的接纳工作和能量的恢复工作，可能需要几年。

不过，你会发现自己越来越不像原来那个攻击性很强的你，你会越来越接纳自己；人际关系会慢慢好起来；亲密关系慢慢好起来；内心冲突减少，人生也和谐起来。

9. 新生期

认知升级，生命逐渐强大，长出新的根须。

为什么要做认知升级工作呢？人类大脑的神经元会在过去的环境和习惯中形成一个认知闭环，遇到刺激事件，产生自动化思维，然后情绪行为反应，人生就在原地停滞重复。但经过心理学训练成长的你，认知开始发展，当再次接收到类似刺激信号时，想起看过的书，或者跟咨询师聊过，你就会在这里切断一下情绪，冷静一下，重新理性思考，再给出一个适当的反应。你的认知闭环就这样被逐渐打破了，脱离了童年旧认知，进入成年新认知。

认知升级之后，你第一时间改变的是想法，然后会改变情绪、语言、行为，当再次发生同样的外界刺激时，你可以做出比过去更稳定理性的反应。慢慢地，一切都变了，然后你会逐渐强大。可以说你正在成为一个新的你，虽然不能说完全脱胎换骨吧，但跟那个第一、第二阶段的你完全不一样了。

所谓新生，就是摆脱旧的你，形成新的你。

10. 和解期

与生命和解，与父母和解。

有一些心理学理论会强求子女去原谅创伤，导致排毒、理解、保护、新生这几步没有进行就直接跳到最后一步，希望一蹴而就地达成和解。

前面工作没有打好基础，认知闭环没有打破，认知升级也没有做到，能量也没有恢复，更谈不上保护隔离，与负能量满满的家人继续共生，是很难真正走出来，开始新生活的。

唯有这样一天，当你意识到要为自己的人生负责，而不是为别人承担命运的苦果，当你逐渐强大和快乐起来，你才会原谅过去所有的不幸，与过去和解，与父母和解，与生命和解。

两性
&
关系

Part 2

躲在爱人的臂弯，你找不到自己

爱情：想追求爱情，先理解爱情

　　爱，是自我趋近圆满，不是找一个人拼凑完整。

爱情的三种境界

爱情最大的意义应该是身心的陪伴，让我们知道，在无尽的人生里，有一颗滚烫的灵魂，触手可及。

人是矛盾的。爱情是来自心灵的吸引和钟情，而婚姻涉及生育繁衍和共同生活，不得不考虑基因相貌以及社会资产。

身体需要性和抚触，心灵需要理解和共鸣，而生活要面对工资、养娃、房贷、车贷。

三者要统一到一个人身上，那个人应该是吴彦祖吧。哦不，吴彦祖也不一定跟你的三观契合。

有许多寻找爱、等待爱、祈求爱的人。

一个人寻找爱情的最佳状态是，自己已然拥有，所求不过真心。

而最差的是，一无所有，却想靠爱情谋生。

越来越明白，当一个人将对生活和未来的希冀都寄托于爱情，那很有可能，他／她将终身孤独。

人一生只有两次接近纯粹的爱情，第一次是年少初恋，小鹿乱撞，少年的心未经社会和物质的熏染，第一眼心动的人就是最初始的爱情；第二次是历尽千帆，荣华富贵、功名利禄皆经历，不因性，不因钱财，不因寂寞，只因一个人，唯有此人才是知音。

除此以外的不高不低、不上不下、勉为其难、凑凑合合的，爱情就很难纯粹，爱里面有安全感、阶层、物欲、生育。

爱情有三种境界。

第一境界是炽热的激情，跟欲望有关，每个人一生都可能体验过爱情迸发时肉体亢奋的燃烧，这就是性欲的魔力；

第二境界是亲密的情感依赖，两个人似乎变成了连体婴儿一样，紧紧黏合，有说不完的话。

第三境界，爱情最高的境界，就是灵魂的互相陪伴。它比精神依赖高级的地方在于，这种陪伴甚至是沉默的，或距离遥远，但一想到宇宙间存在着这么一个灵魂，便觉得安心和勇敢。而且，只是那一人，别人不可替代，外物不可动摇。

多数爱情都是经由性欲走入亲密，继而在婚姻中结合，大部分随着琐事磨成了平淡的亲情，随着岁月缝缝补补走向死亡的终点。有些婚姻连最开始性的吸引都没有，更谈不上亲密，只是搭伴儿生活，一生都是凑合。极少数保持高度融合和精神共鸣，升华为灵魂伴侣，携手看风景，一生都是美妙的旅行。

有些读者会吐槽我，那照你这么说，普通人就没法谈爱情了？

每个人都有权利追求和拥有爱情，只是既然大家都是普通人，对普通的爱情就该包容一些。

容忍对方的不完美，容忍对方的私心，容忍生活的遗憾，容忍你的爱人也跟你一样，都是有缺点的普通人，容忍她不是完人，容忍他不是超人。

如果在年少初恋和历尽千帆两个阶段没办法接近纯粹的爱情，那容忍，就是第三个办法。

容的意思是心胸宽，忍的意思是给天地，境界高远，同时也给对方空间。

最怕的就是以凡人的身份对待自己，以圣人的标准苛责伴侣，犯错了第一时间为自己辩护，抓到伴侣的小把柄就不依不饶。

何必呢？

孤独尘世间，两粒尘埃本该紧紧拥抱增强力量，而不是越推越远，形单影只直至湮灭。

爱情从来不是"捡现成的"，而是一步一步行走，忍着眼泪争吵，直到修成正果。灵魂伴侣不是宝物从天而降，而是两个人的感情从粗钝原材磨成了璀璨的钻石。

矛盾争吵的时候，别急着审判定罪，想一想自己对待对方的方式是否也有不合理之处；

伴侣犯错的时候，想一想在导致错误的原因里，有哪些是不得已和不可抗因素；

冲动想决裂的时候，回忆一下伴侣曾经吸引你的优点，曾经共度的温馨时刻，曾经走过的坎坷不容易。

这样的爱情，不再是期待一蹴而就的幸运，而是愿意去经历重重修行，共同成长，自知反省，彼此成就。

奇幻旖旎的风景在人迹罕至的苦境，爱情的境界是一场漫长而又艰苦的修行。

若你未曾青梅竹马遇见他，若你也不能淡泊名利与他重逢，不如在这俗世中，紧紧拥抱他。

两个俗人，在俗世，去修行抵达不凡的爱情。

爱的能力

弗洛姆：爱并非一种情感，而是一种积极的驱动力和内在的连接状态，其目的是幸福、发展、自由。

对某一特殊对象的爱只不过是一个人内在的缠绵之爱的实现和集中而已。那种只能从一个人身上体验到的爱并非真正的爱。

曾有好友问我，你选择伴侣会看什么？

我回答：**他必须有所热爱。**

好友不解：有所热爱，什么意思？

有所热爱的意思是，他不仅爱我，也爱这世间，或爱自己所为之事，或爱身边人，或爱草木，或爱动物，等等。

如果一个人爱生活，爱事业，爱小动物，爱助人，这个人对异性的爱也是健康、滋养、良性的；如果一个不爱生活，邋遢，做事懒散，对弱小冷漠，对他人自私，这样的人说爱你往往是偏执病态的。

因为爱情本来就是人对自己、对世界的爱的延展，而不是空洞的投射。

没有爱的能力的人，他们的爱情，更多是无趣人生里一个自导自演的自嗨剧，并不是爱对方。

有爱的能力的人，他们会从所爱的事物、事业、人上得到正向反馈，会更有动力、更持久地爱着自己的伴侣。

第一类人的爱是小爱、狭隘的爱，他们没有爱的其他回馈，就像没有动力的发电站，只是需要对面的伴侣持续地向他供给，直到两个人困兽在笼，爱都耗尽。

第二类人的爱有大爱、广博的爱，因为付出，他们持续得到爱的补给能量，自身像发电的小太阳，不会枯竭，更有能量去付出爱。

第一类人的爱是狂热激烈的，但如果他们没有得到对方同样高频的反应，容易失望而执拗。

第二类人是温和隽永的，他们需要的是陪伴和理解，没有那么激烈却平和温存。

常有人找我咨询婚姻问题，很多案例都是跟伴侣相处多年没了感觉，毫无激情，生活乏味，问这种情况要不要离婚。

我一般都会问一下来访者的工作生活现状。基本问这样问题的人都会有一个共同点：他们对生活和世界也是缺乏热爱的。

有事业目标吗？没有。

有什么兴趣爱好吗？没有。

平时朋友交际多吗？不多。

业余时间会做什么？下班了就玩玩手机、电脑。

这样的人，就如同没有生活和自我持续供给的发电站，只能在情爱中去捕捉活着的激情。哪怕再换一个伴侣，热恋后多巴胺消散殆尽，依然要面临同一个问题。

一个不热爱生活的人谈爱情，是浅薄的。

我有一个朋友极其热爱美食，她最爱的就是研究美食烹饪。后来她专门学了烘焙，现在开了一家烘焙教学小店，电商、教学一起同步发展。她极少抱怨老公孩子，她生活中有目标、眼睛里有热爱。

我有一个朋友喜欢摄影，从菜鸟级别到业余选手，直到成为杂志特约的专业摄影师。他拍摄星空、动物、人像，他把旅行中的摄影作品做成了一本小册子，偶尔送给熟识的朋友。

我有一个长辈阿姨退休以后，开始在社区做义工，无论是旧衣捐赠还是福利院活动，她都热心参与，通过帮助别人，认识了朋友，收获了成就感。

我喜欢这些热情洋溢地忙碌着、成长着、热爱生活的人们。他们的爱不仅对人，也对事物，更对梦想。他们的人生里不只有单薄的爱情，也有他人、大众、社会。

这样的人不会跟伴侣贪婪地索取爱的关注，他们会把从社会参与、事物研究、目标成长中获得的满足和快乐分享给身边人，他们不是靠爱情发电的人，而是爱情的发动机。

相反，有的人眼睛里没有光，没有对生活的热爱和经营，却极热衷投入疯狂的爱情。这样的爱情，前期他们会在付出中满足自己的表演欲和道德感，因为乏味的生活太久没有这样的舞台供他们发挥了。比如在被追求者楼下摆满求爱蜡烛当众告白，比如疯狂地自残自伤示爱，类似这样的形式，其实反映出他们的人格层面是有一些问题的。

有一些女孩说，他虽然没钱，不好好上班，跟所有人关系都不好，整天在家打游戏，但是他对我好，对我千依百顺。

这样的爱情，不是春雨和暖阳，而是赌博的孤注，因为他没有爱的能力，只能用廉价的"好"去赢得女性的感动和怜悯。

什么样的伴侣有爱的能力呢？

首先，他有热爱的事业、爱好、目标，他的人生有追寻的方向，有动力、有热情，而不是一直靠爱发电。

其次，他对身边人，包括陌生人，都保持善意和温度，这是一个人共情力和同理心的体现。

再次，他爱自己，不允许自己堕落、无序、消沉，这一点从他时间的分配利用、交友应酬、生活起居、办公环境等等可以看得出。

最后，也是最重要的，他可以一个人待着，这种能力又是学会爱的一个条件。当一个人不能自力更生，独自待着极无趣又恐慌，所以只能把自己同另一个人连在一起，把这个人当作生命的拯救者，但是这种关系同爱无关。

弗洛姆说：爱情与成熟度无关。如果不努力发展自己的全部人格，那么每种爱的努力都会失败；如果没有爱他人的能力，如果不能真正谦恭地、勇敢地、真诚地和有纪律地爱他人，那么人们，在自己的爱情生活中也永远得不到满足。

爱的意愿是本能，但爱的经营是能力。

爱生活、爱他人、爱自己、爱独处的人，才能真正爱另外一个人。

这种爱是付出而不是索取，是分享而不是匮乏。

愿你成为爱的发光体。

你是否误会了爱情

　　一个无法打理好自己人生的人，对爱情期望太多，等于沙漠里打井，越拼命越绝望。

我们，都误会了爱情。

宠物市场中有一种小狗，叫作"星期狗"。一些宠物店老板在网络低价收购病狗，为了卖个高价位，便给小狗染色、喂药，当客人买的时候狗狗非常精神，活泼可爱，可是最多不超过7天就会出现问题，呕吐，咳嗽，便血，严重的甚至会死亡。

现在有一种爱情叫"四月春"，指两人在网络社交平台打招呼认识，问候，聊天，见面，吃饭，开房，睡觉，恋爱，矛盾，争执，冷战，拉黑，分手。这样的恋爱周期，一般在四个月左右，就从乍见之欢到形同陌路。

巧的是，心理学研究表明，两个人相恋时多巴胺和肾上腺激素保持高水平的周期，恰好是四个月。

人们对于爱情赋予蓬勃的想象力，投入巨大的热情，却总是以似曾相识的结局收场。那个刚认识没多久就聊得很好，每天都想问候的人，早就躺在冷冰冰的黑名单里了。

生活无味，事业无求，未来无望，这三点均沾的人，也称"三无人员"，他们把爱情当作最后的救命稻草，想通过爱逃离贫乏的人生，寻找精神乐园。

这样的心态，无异于烧房子取暖。

什么是爱情，它有无数个定义，但绝对不是消防队救生员。

爱是两个强大丰盛的灵魂互相滋养成长，旗鼓相当，琴瑟和鸣。

而不是两个衣衫褴褛的乞丐端着碗，互相算计，贪婪索取。

一无所长只知道上网逛淘宝、看宫斗剧的女人，看着抖音里炫富晒恩爱的白富美，感叹为什么自己没有这样的好命，没有人替她清空购物车，买包包，还信用卡，而年岁渐长身边追求者都是些草根工薪族，在微信签名栏写下"无人与我立黄昏，无人问我粥可温"。

工作混日子，下班打游戏、看直播、聊天泡妞的男人，翻翻朋友圈，看到大学同学找了个网红脸女朋友，肤白貌美大长腿；想想自己上个月也被这样长相的女人骗了 2000 元的红包，光吃饭手也没给摸，于是愤愤地在键盘上敲出几个字"这世上女人只看钱，有个鬼真爱"。

他们说对了，这个世上，确实没有满足以上需求的爱情。

一个人不再有好奇心、探索欲，兴趣匮乏，事业无目标，生活不自立，把对未来所有的期望和生活的要求都交给爱情。被欺骗和辜负后，又像一个赌徒一样坐在赌场门口骂。

在这里，我想讲一个爱情故事。

大家都知道著名作家钱钟书。

钱钟书曾写给他的妻子杨绛一段很美的文字："没遇到你之前，我没想过结婚；遇见你，结婚这事我没想过和别人。"

杨绛作为钱钟书的妻子，确实为家庭奉献付出了很多。杨绛在文学和翻译领域的造诣，其实完全不逊色于钱钟书。她通晓英语、法语、西班牙语，她翻译的《堂吉诃德》被公认为经典的翻译佳作。

两个人共同经历了求学、二战、"文革"、病痛，甚至独女的离世，风风雨雨几十载，一生恩爱如初。

物质、精神、兴趣、事业、追求，完整的灵魂和生命，爱着另一个，彼此独立，也互相依赖，共同成长。

真正自我实现的人，并不把爱情看得至高无上，因为他已经为自己的人生找到了应有的激情和创造力。爱情对于他们不是漫漫人生的最大追求，而是追求彼此梦想之余，互相陪伴，互相温暖。

动辄对爱情炽热幻想、索求无度的人，恰恰说明他活得是多么匮乏和无趣。

作为一名咨询师，我也听到过很多咨询者说："我觉得跟她在一起日子好平淡，没有感情了。""结婚久了真的没爱了。""我的婚姻很无聊。"

而这个时候，我会问这些来访者几个问题，包括他的年龄、生活状态、工作状态、生活愿景等。

而最后发现，不是婚姻无聊了，而是他的人和人生，进入了一种停滞状态。

太多人急匆匆地成长，工作，结婚生子，以为这些就是人生里程碑，不再往前追求，年纪轻轻便陷入了无意义、无价值、无乐趣、无味的人生。

他们忘了思索一件事：我是谁，我要去哪里，我要成为什么样的人。

如果这三个问题中断停滞，陷入沼泽，只期望身边那个爱人给你曾经的激情和乐趣，那太难了。

爱情不是你看我，我看你，而是两个人一起往前看。

不放弃热爱，不放弃追求，不放弃自我更新成长。如果在自我实现、事业追求、社会价值上一直焕发光彩，回家对伴侣的最大渴求，就是普通的相守相伴，热茶淡饭。

工作混日子，人生混日子，除了玩手机、电脑没任何兴趣，人生可以一眼望到头，那么这种人只能通过出轨、外遇、激情来寻找生命的乐趣。

不爱自己，不爱生活，不爱未来，你，也并不爱那个人。你只是爱一个幻想的生活、一个投射的期待，你把对生命的追求变成一次又一次情爱新鲜感的追逐。一个缺乏生机的人，是无法延续爱情的生命力的。

我们，都误会了爱情。

爱，是自身圆满，热爱生活，不断进取，充满活力，继而，遇见那个同样完整丰富的人，一起共同再往前。

你会好好分手吗?

为什么曾经那么相爱的人还是会分手?

在爱情的课程里,大家最不愿意修但非常有必要修的一门课,是告别。分手给一个人带来的思考是苦涩的,比热恋期的甜蜜更能深刻地改变一个人。分手很少体面,但我们可以在一定意义上做到最大程度降低伤害,保存美好记忆,挥手告别,就此往前。

首先我们分析一下相爱的两个人分手的原因,有三种可能。

第一种可能,也是大多数短期恋爱分手的原因,是开始进入恋爱的时候,其中有一个人就没有带着恋爱的诚意和态度。有人是为了忘记上一段恋情草率开始,有人是因为贪图外表、物质和生理欲望,有人是喜欢索取、被照顾、依赖别人的付出。这样的分手是凉薄的一方预谋已久,沉迷的一方没有及时发现,直到离别才痛不欲生。

第二种可能，两个人一开始确实是非常相爱的，但人是会随着时间和经历成长的，不同阶段人的心智和需求是不同的。在刚开始恋爱的时候，两个人的齿轮和齿槽恰恰彼此满足，但是随着个体发展的改变，齿轮和齿槽不再匹配，共同生活就越来越别扭，哪怕努力地用润滑剂（争执—磨合—修复），但依然不复从前，只好提出分手。其中有一个人（可能是齿轮，也可能是齿槽）的改变、成长没那么大，所以会非常难以面对分手，他也是分手后走出伤痛需要更多时间的人。

第三种可能，也是很多中年和老年夫妻分手离婚的原因。爱情和婚姻进入平淡期，两个人的人生也没有更多新意，孩子也大了，此时婚外情和第三者变成人生的突破口，用情欲去探求生命最后的意义。有一些夫妻有了默契，心照不宣地维持婚姻完整而各自寻乐；还有些人误把幻象当作永恒，希望用分手、离婚、再婚的形式挽留这火花。提分手的一方以为他是追逐爱情，其实是追逐生命的浪花。但这样的分手，也像大海的波涛，来去之后，只留下泡沫，徒增懊悔和虚无。

相爱需要两个人同意，而分手是一个人不爱了就可以终止。

怎样判断你是否真的不爱对方了，需要分手来终止无意义的损耗呢？有三个判断标准。

第一，你的幸福来源跟他无关了。你很长一段时间的快乐都是靠自己，从朋友那里或新的暧昧来获得。你跟他在一起的时候，手机不离手，连约会都心不在焉，性爱更是草草了事。不跟他在一起的时候，你更自在，更愿意独处或找别人一起玩，他变成你感情的塑胶袋和便当盒，而不是美食和盛宴。

第二，你的未来里没有他。你设想的未来生活里，什么都有，有猫、有狗、有新的工作和城市，但唯独没有给他留位置。当他有意无意地跟你提起未来的计划，你总是回避，不愿意回应。一想起跟他的未来，就不免沉重和怅然。

第三，你的心态是失衡的，地位是不平等的。关系中你总是处于付出的一方，从来或很少得到回应，你总是像一只等待主人回家的小猎犬，但只等到一句疲惫的敷衍。你在关系中没有话语权，只有被安排，虽然他的确让你迷恋，但满心的委屈和不甘让你夜夜难眠。

让你睡不好的人，不是爱你的人。爱是安心。

如果有以上三点病征，其实你的感情已经病入膏肓，形同陌路，只是无期徒刑、死缓还是立即死刑的区别，而判决人是你。

如果想要判决执行，也就是你成为提出分手的一方。

如何分手，如何让分手更体面，如何让彼此的伤害降到最低呢？恋爱要慢一点，而分手要快一点。

为什么呢？因为恋爱要循序渐进，慢慢升温，两个人更了解彼此，稳固爱情的地基。而分手就是拆除爆破一栋大厦。

确定意图后跟对方面对面，选择个合适的私密场合，开诚布公地说出分手的决定，坦白自己的思虑和分手的原因。这样的分手像暴风雨涤荡，需要强大的心理素质，但这种形式其实伤害度最低。

为什么呢？

越是想拖延、缓冲、慢慢来，越是在发炎的伤口上反复做文章，最后耽搁了时间，甚至扩大了炎症，不如直接切除溃烂，敷药冷置，等待好转。分手当天会面对眼泪的侵袭、苦苦的哀求、愤怒的斥责，但请相信我，当一切都温柔而坚定地说明白，恰恰会让被分手的一方能更快恢复。

曾经有人试图用冷战、回避、失联的方式拖延着完成分手，但这样拉长战线，会让对方不断怀疑，不断期待，在希望又失望的轮回中慢性自杀，导致最后分手直接变成仇人。

如果做不到当面分手，写一封邮件或长信息发送给对方也是替代选择，但一定要坚决地说清楚，写明白，因为任何一丝犹豫，又会退回到纠缠，返回到原点，继续有名无实的感情。

真诚地坦白原因，坚决地提出分手，冷静地接受不理解，慢慢等待暴风雨的停歇，剧烈的痛苦后会换来新生。

许多人在爱情的最后不愿意当坏人，不愿意承担分手的骂名，就

会让分手变成一场绵绵秋雨，滴滴答答，黏黏糊糊，连最后的情分都萦绕成了仇恨。不如痛快点，以暴风雨去终结。

有朋友会问，分手后还能做朋友吗？

不强求，极少有人能处理好分手后与前任的关系。就算想退回到朋友的身份，也是对分手的柔化处理，期望用另外一个身份留在对方的生活中。大部分人的分手，是相忘于江湖，把那个爱过的人重新放回人海。

爱情与友情不同，友情可以同时并行，爱情是单行道。

被分手一方的心理恢复是最难的。情感投入多的一方，没有其他感情候选人的一方，比较容易在分手后感到痛苦。

分手后会经历六个阶段，分别是痛苦抗拒，意识接受，潜意识崩溃，转移注意力，反复发作，旧人远去。

第一阶段痛苦抗拒是刚刚面临分手的事实，情绪上的反应比较剧烈，难以平复。在明确知晓了分手不可挽回后，进入第二阶段，也就是意识层面说服自己接受，不再徒劳，也认为自己可以度过失恋期，这个时期会显得异常冷静甚至乐观。

可第三阶段潜意识崩溃期才是最痛苦的，一般爆发在某个深夜，你觉得自己安然无恙，但是在忽然想到那个人或者被某首歌曲触动时，被意识压制的伤感像海啸一样瞬间袭来，提醒你原来自己未曾放

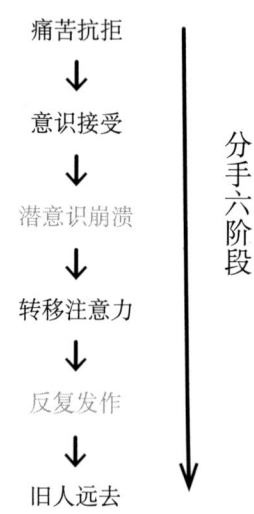

痛苦抗拒
↓
意识接受
↓
潜意识崩溃
↓
转移注意力
↓
反复发作
↓
旧人远去

分手六阶段

下。你就像一个被截肢的患者摸到了自己空荡荡的裤腿，也在拼命克制自己再联络对方。注意，第三阶段的痛苦会超越刚分手的第一阶段。

煎熬过第三阶段，走到第四阶段——转移注意力。你决定不再放弃自己，于是开始重新拾起一些兴趣爱好，出门社交，打扮自己，或者去结交新的异性。你虽然表面上过得很精彩，但仍然时不时退回到第三阶段。

在第五阶段这样的反反复复发作中，伤痛发作频率和程度随着时间的推移和生活的前行，越来越少。

终于有一天，你发现提起那个人，听到那个人，心有波澜，却不再剧痛。恭喜你，终于来到了最后一个阶段，那个人逐渐在你的生命中褪色了。这时你已经成功走出失恋，进入第六阶段——旧人远去。

失恋六个阶段短则四个月，长则一年多。如果超过两年以上还未走出失恋，影响了正常工作和社交，那就要寻求专业的心理咨询师的帮助来跨越障碍。

告别爱情，不是告别某个爱人，其实是告别曾经的自己和过去的生命。因为回忆里复刻的是两个人缔结的共同体，只是有一天这份缔结不再是甜蜜而是束缚与苦涩，便脱困而去，不再消耗。

只要这份爱情从一生的意义来看，给你和他带去了不可替代的成长，就应学会体面地告别，默默地祝福，给爱情画个句点，给人生新的开篇。

婚姻：婚姻是一场自我修行

婚姻不是港湾和归宿，它是两个人终生修炼的道场。

结婚，你准备好了吗？

这两年离婚的明星夫妻有点多。

这些夫妻都有一些特征：都是男人苦追女神，最终俘获芳心，坠入爱河，冲动领证，琐碎平淡的婚后生活拉开帷幕，男人依然有一颗没有玩够蠢蠢欲动的心，女神变成主妇，想延续恋爱的美好、婚后的温馨，男人不那么配合了，渐渐争执、误会、矛盾，责备、争辩、白眼，最终变成俗套的结局。

女人带着恋爱脑开始婚后生活，脑子里都是童话、偶像剧、相夫教子、岁月静好；

男人的责任心不会因为一张证书立刻上线，甚至会随着厌倦、平淡渐渐掉线。

归根结底，两个成年人可能都没搞明白婚姻到底是个什么鬼，就扯了一张见证爱情巅峰的结婚证。

曾经听过一句话，毁掉爱情的最好方式，就是把这对男女关在一个屋檐下日夜相对，柴米油盐鸡毛蒜皮，加上婆媳、生育、经济问题，这样绑在一起三五年，爱情基本也熬完了。

婚姻成败跟爱情无关，跟人性有关。

人性中固有的是贪婪、利己、容易厌倦、追逐新奇。人渴望亲密，却又害怕这样的亲密会吞噬自我。人像刺猬，远了冷，太近却容易伤了彼此。

这样的两个普通人，却总指望婚姻完美、和谐、从一而终。

人常说从前车马慢，一生只爱一个人。殊不知，是以前经济条件太差，一个人很难独立生存，所以一生绑着一个人，活下去就行。

如今男女都经济独立，上班赚钱，吃饭外卖，洗衣全自动，娱乐媒体一应俱全，谁离了谁也不会吃不上活不下去，加上形形色色的诱惑，所以离婚率激增。

我们的社会分工、生活方式、道德观念已经发生了巨大的变化，很多人开始质疑婚姻存在的必然性。

异性相吸，生儿育女，举案齐眉，相濡以沫，曾经是很多人向往的一生，如今，婚姻的残酷现实，却让人望而生畏，步步惊心。

到底什么样的人才适合进入婚姻呢？真正的成年人。

不是所有人都是成年人，虽然他们生理意义上年满 18 岁。他们只是成年人躯体的小孩子。这些小孩的特征是容易依赖、索取、控制、抱怨，看待事情和人二元对立、非黑即白——今天你爱我，你是一个好人；明天你不爱我了，就是大坏人——这就是小孩子的想法。相爱的时候把对方塑造得无可挑剔，一旦对方有一点错误，就推翻过去，容不得瑕疵。这也是小孩子想法在感情里的体现。

而成年人容得下这个混沌世界里的残缺，成年人知道付出，甚至是不要求回报的付出。成年人不会因为感情出现问题就缩成乌龟，也不会释放攻击性互相抱怨，成年人懂得使用语言去沟通。

成年人多吗？其实不多。大部分人都还是孩子、巨婴，甚至走兽。

两个成年人相遇，才有可能缔造一份成熟的爱情和婚姻。

如果两个人准备迈进婚姻，以下这八个问题能答好，恭喜你们，你们已经具备成年人的心智了。

1. 你们婚后会如何居住，对于小家庭和大家庭是什么想法？如果两个家庭出现矛盾了，以哪个家庭的决策为准？

2. 你们对于生育孩子是什么想法，生几个，什么时候生？如果两个人上班，怎么带孩子？如果其中一个人带孩子，另一个人还能在工作之余做些什么？

3. 你们对于性的想法、方式、频率是什么？对方什么表现是你们想要的？你们在性方面最喜欢什么，最讨厌什么？

4. 你们对于婚后两个人的收入如何使用、储蓄、支配，有什么样的具体方案吗？

5. 你们对于对方有什么不能忍受的缺点，已经出现的，请讲出来；如果还没出现，就说出你想象中对伴侣最无法忍受的一点，告诉对方。

6. 如果婚姻中出现与异性来往过密、出轨现象，你们是否能面对、接受，冷静沟通婚姻中出现的问题并试着修复？

7. 你们是否愿意给对方一定时间的自由和距离，不过问也信任对方？

8. 你们是否接受婚姻不一定是永久的？如果有一方做不到，是否可以平静接受和放手？

对于这八个问题，如果两个人能坐下来理性思考，顺畅表达，达成共识，说明双方对于婚姻进行了现实考虑，思想基本成熟，可以进行有效沟通。

爱情是一场华丽的冒险，而婚姻是一场坚忍的修

行，修行不是为了谁忍让宽容，而是让自己进化成更好的人。每一场相遇、相爱、相守，哪怕最后离别，都有意义。

祝福所有人在爱的修行中不虚此行。

婚姻健康体检

婚姻出现问题都是有迹可循的。

约翰·戈特曼提出婚姻的"末日四骑士"：批评、鄙视、辩护、冷战。"末日四骑士"轮番出现，导致夫妻双方出现被淹没感，加剧了夫妻间的情感疏远和孤独感，导致婚姻逐渐凋亡。

冷战是"末日四骑士"中最后登场的，而婚姻真正消亡前还会有外力的进入，比如外遇。

冷战、外遇、离异，是婚姻生病至解体的后三个阶段。

这是个"小三"人人喊打的年代，人们不会放过任何一个谴责唾弃"小三"的机会，但手撕"小三"真的能挽救婚姻吗？治标不治本，炎症不能只外敷物理降温，也许消炎药用到真正患处才能医治。

有人问怎样才能找到不出轨的伴侣。这完全是世纪难题。因为出不出轨不根据人品、道德、三观来判断，只跟需求是否满足有关。

一个人在亲密关系中有三种需求需要被满足：一是性需求，二是情感需求，三是自尊心、价值感。第一个不用解释，第二个意味着双方有亲密沟通和情感交流，第三个代表着被伴侣尊重、欣赏、认可。

在热播电视剧《三十而已》中，男主人公许幻山的出轨，也许就是"小三"林有有的示弱比十项全能的妻子顾佳更能满足他男人的自尊心、保护欲。

与其担心背叛出轨，不如首先注意伴侣的基本需求有没有被满足，其次保证自己无论何种感情状况都能有面对解决和重新抉择的底气。

婚姻就是开车上高速，没有人保证不出车祸，不如先买好车险。

如何预防疾病，不能等真的头疼脑热病入膏肓时才记得看医生，日常体检、保健、预防，也是需要及时做到的。

你有多久没有给你的婚姻做体检了？

婚姻健康体检，主要测评前文提到的三个指标：性、情感、自尊。

性生活频率多少次才算正常呢？这与每对夫妻的个体情况有关，没有绝对官方的标准。我们可以从知名品牌杜蕾斯做过的一次全球性福调查中了解到，中国 31% 的受访者每周有两次性生活。我们暂且把一个月 2 次也就是一年 24 次当作基本标准。

那无性婚姻的标准是什么呢？我在搜索引擎上找到这样一段定义："无性婚姻指的是没有性生活的婚姻。社会学家说，夫妻如果没有生理疾病或意外，却长达一个月以上没有默契的性生活，就是无性婚姻。"

健康体检的第一项指标的绿灯数字是 24，代表婚姻中性生活相对健康和谐；黄灯是 12，也就是每个月 1 次，意味着基本满足但需要重视和调节性生活的乐趣和质量；而红灯数字是 10 以下，等同于无性婚姻。

绿灯前行，黄灯警示，红灯出局，请对照体检结果，评估第一个指标是否需要自行调整提升。

性，是爱情的开始激素，也是婚姻干涸的最明显标志。

第二个指标是情感需求，指人渴望交流、沟通、回应、理解的一种状态。

回家拥抱一下，偶尔送个小礼物，主动关心对方的情绪和压力，一起散步聊聊心事，安排一次二人旅行，这些都是情感需求满足的形式。

可结婚久了，谈论的都变成了家庭中的琐事，孩子上学、照顾老人、水电煤气，都忘记了婚姻还需要经营这回事。

如果两个人情感沟通的机会越来越少，那心中堆积的压力和烦恼便会去寻找其他出口，如网络游戏、社交 App、看直播、刷视频，于是逐渐变成一人握着一个手机，睡在一张床上，却跟陌生人聊着知心话。

婚姻中的人把对方当作妻子丈夫、孩子爸妈，却忘记枕边人也是一个需要情感温暖的成年人，大家都需要放下手机，认认真真看一眼对方，好好聊一聊。

情感满足不需要时时刻刻，只需要高质量的陪伴和沟通。

高质量的陪伴意味着什么呢？意味着在陪伴时不被打扰，一起沟通交谈，加深亲密感和信任度，提高夫妻双方对于婚姻生活的满意程度。

婚姻中，低质量的陪伴是怎么样的呢？

两个人各自低头玩手机；喜欢和别人在一起或者做自己的事情胜过和伴侣共度时光；重要的纪念日、生日这些日子，没有在一起度过；经常争吵，或者太长时间没有沟通交流；太久没有约会或出行了。

如果上面这些迹象，你们中了一半以上，说明确实进入了低质量关系。

第二项指标的测评标准就是一年有多少次高质量陪伴和沟通。

我们的绿灯数字是 12，也就是每个月至少有一次机会，两个人完完整整没有手机和干扰，陪伴、沟通、倾听对方，并给予回应和支持，让对方感受到情感能量；黄灯数字是 8，也就是每一个半月会有这样的一次机会；红灯数字是5，一年除了重要节日会在一起，除此以外机会寥寥。

如果婚姻已经进入黄灯或者红灯状态，建议两个人可以一起尝试新鲜的事情，培养共同的兴趣爱好，每个月安排一次二人约会，有时间就两个人出去旅行。

如果婚姻不用心经营和保鲜，它必然像食物一样会变质。维持情感浓度一定是彼此付出努力和心血的。如果不用心经营，即使之前两个人再亲密，也会彼此疏远，甚至最后形同陌路。

最后一个指标，是自尊心。

你有多久对你的伴侣没有夸奖、赞美、表达欣赏了？

每个人都会有自尊心，一旦受到损害，便会痛苦不已；如果受到尊重，则会感到欣慰和满足。夫妻相互尊重、信赖，是深化爱情和事业成功的基本保证，任何训斥或轻视贬低爱人的做法都会损害对方的自尊心，这是经营和谐婚姻最基础的。

发展心理学中曾有个实验，研究人员发现，一对夫妻的自尊心越高，他们之间的感情就会越好。自尊心的增长预示着感情满意度的提高，而自尊心的下降预示着感情度的降低。

人们自尊心的重要来源，就是亲密关系中的认可。

没有什么比最熟悉信任的人对自己的否定更残酷的惩罚了。

第三项的测评指标是，可以随口说出的欣赏和认可伴侣身上品质的数字。

绿灯指数是 5，也就是你可以当即说出 5 点以上欣赏对方的品质特点；黄灯指数是 3，红灯指数是 1。

随口而出代表你对对方的欣赏溢于言表，日常言语行为中伴侣就能感受到你是否满意、认可、尊重他身上这些固有的品质。

这个世界上永远不缺乏美，只是缺少发现美的眼睛。这个世界上永远也不缺少好伴侣，只是缺少鼓励和肯定。

希望这三组数字，最重要的作用就是让关系回归的反思和经营，而不是抱怨、谩骂、向外归因。

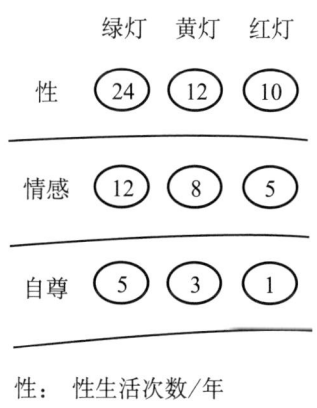

绿灯　黄灯　红灯

性　　24　　12　　10

情感　12　　8　　5

自尊　5　　3　　1

性：　性生活次数/年
情感：高质量陪伴沟通/年
自尊：认同的伴侣品质/个

　　婚姻健康体检，在体检报告中去寻找失落已久的用心，去开启对另一半新的探索，去追求自我人格的完善。

　　最好的感情状态是，世界是更新的，我是更新的，而那个身边人，却一直是旧人，安全、妥帖、笃定、深爱。

出轨这件事

出轨不可怕，可怕的是不了解出轨这种行为的本质。

人有一种本能，就是随时想抓住一些确定感。特别是爱情，生命中最重要的课题，最恐惧的无疑是背叛。

如果有哪个专家能写一篇关于出轨的文章，估计写成一部大书也不一定写得完。

有人问哲学家：人类最害怕的是什么？是孤独吗？是死亡吗？是贫穷吗？

哲学家回答：是重复。监狱里最可怕的刑罚不是酷刑，而是把一个犯人单独关在一个房间，时间越久，惩罚越重。重复的环境和没有人讲话会逼疯一个正常人。

长久的婚姻，最可怕的腐蚀剂就是重复的生活和两个人逐渐无话可讲。

希望大家接受这个事实：两个男女因为一张证书的名义关在一间屋子里，每天日夜相对，几十年光阴，不管是身体和头脑，没想过什么或者没做过什么，的确比较难。

什么样的人不会想也不会做出轨的事？神，或者非常成熟、修行得跟神一样的人。

凡夫俗子，饮食男女，拿神的境界去苛求，未免太难。

与其杯弓蛇影、谈虎色变，不如直面这个人性中最复杂的命题。

先说男人。

男性的本能是喜欢多偶制的。生物学上，繁衍本能使男人偏向于多偶来保证自己后代的繁衍速度和效率，加上舆论道德对男性相对宽松，男人三妻四妾、三千宠爱都是身份的象征。这种文化沿袭了男人的性别优越和价值体验，而且性本来就是男人生命中极其重要的部分。

很多女性咨询我，什么样的男人不会出轨？

我回答，大概分三种：1. 有洁癖的；2. 成熟见过世面的；3. 条件低于你、必须忌惮你的。

第一种是个人卫生习惯，但是如果有机会遇见干净得体、温顺乖巧的异性，不代表就不会尝试；

第二种是已经经历过各种情事，历尽千帆，当然，岁数不会太小；

第三种经济依附于女人，不想砸了自己的饭碗，能维持一段时间的忠诚，但不是绝对长久。

三者之外大部分是普通男人，漫长人生，总会有那些或大或小的瑕疵。

人性没有绝对的是非黑白，总有灰色地带。

婚内女性的出轨率也在隐秘地上升，或者说，一直存在。老祖宗的三纲五常、三从四德，是为了保证家庭稳固和男性血统的纯正，历史上出轨的男人不会被钉在耻辱柱上，出轨的女性可被唾骂了上千年。喜新厌旧、追求快乐是人的本性，不分男女。如今这个时代，在出轨这个事情上，男人女人的差别在日渐趋同。

女人跟男人一样，都是人，是人就有欲望。

首先，现代文明中背着旧时代牌坊的女性越来越少，思想束缚在松绑；其次，女性经济地位上升带来了自我意识觉醒，更在乎自己的情感体验，在乎爱和被爱的感受；最后，女性有正常的性需求，女人也在乎性。

什么样的女人容易出轨？大概分三种：1.特别缺爱的；2.婚内感情和性需求没有被正视的；3.各方面条件优于伴侣，不甘于平淡的。

第一种是原生家庭造成的，渴望被关注和重视，需要炽热的爱情获得自身存在感；

第二种是因为无性婚姻或被丈夫忽视冷落，常年处于亲密关系缺失状态；

第三种是因为对生活的野心，对自己和未来有要求，而伴侣无法跟上步伐。

面对这么多感情中潜在的风险，与其逃避恐惧，不如分析处理。

怎么降低婚姻出轨的概率？主要应抓住三点：感情开始的源头，感情平淡期的经营，感情危机的处理。

首先，感情基础牢不牢，一个大楼的地基不稳，那随时有可能出问题。不谈勉强的恋爱，不结不甘心的婚。两个人情投意合不代表会永久，但一开始就有一方不情愿，等于埋下了隐形炸弹。我一直不太建议苦苦追求的恋情。因为要是两个人有双向吸引，不需要苦追那么久。如果苦追到最后对方答应，那更多的是对生活的妥协，或者感动，但这样的感情内在不够稳固，外界的干扰很容易入侵。有爱的婚姻不一定白头，但没有爱的婚姻就如同一盘散沙。

其次，平淡期的经营。爱情像海鲜，如果能长期存放，一定是找到了冰箱；不用心经营的感情一定会变质。不管在一起多久，也请记得给妻子一句赞美，给丈夫一个惊喜，给两个人创造一些共处的美好时光。懒散，无视对方感受，妻子娶回家就像处置冰箱一样放在家里，除了要喝饮料打开冰箱门，此外再无关怀，再无恋爱时的用心；对待丈夫也没有了最初的温柔，唠叨和指责充满了整个家，把最糟糕的一面给了最爱的人。当失望一直堆积，你以为结婚证的作用力能有多大，能一直维系人心吗？

最后，危机的处理。请记住，能走到最后的婚姻，不是没有破碎过，而是双方学会了黏合修复，学会在一地狼藉后恢复原貌，学会对人性成熟地接纳和宽容。

如果你的伴侣出轨，请一定不要打上"他有罪"或者"我不够好"这两个审判标签，而是接受你们的感情遭遇了气流颠簸，这是一次契机，让两个人正视"我们之间到底怎么了"。

出轨不是定罪，出轨是发现问题、正视问题、解决问题。就算分手，也要明白实质原因，而不是"他是渣男/她是渣女"的简单定论，哭诉自己的不幸，期待下一个更好。

下一个好不好不知道，你需要明白这段感情走到最后，到底是为什么走到穷途末路的，把自己、对方、人性再深入剖析，直到释然，不再偏激，这才是真正的成长。

婚恋中的成年人应具备三个基本常识：爱情里可能会有出轨，不害怕出轨，能面对出轨；而不是一旦相爱就不能分开，出轨就像天塌了，完全没法面对，更没法深入了解为什么。

我希望我的读者是前面那 类。死亡不应是生命的遗憾，恰恰是它让我们珍惜生命。分离和背叛不是爱情的污点，而是爱情里本来要修行的课程。

爱情的美，不只是热烈和甜蜜，它的无奈和苦涩
也丰富了我们对人生和自我的认知。

请不要因落叶的萧索而不赏慕春夏的繁茂，也不因害怕溺水就不
敢入海。**爱情里没有人是受伤者，我们都是经历者、修行者、感受
者、收获者。**

正视了出轨这件事，就像潜水者备好了氧气瓶，请你做好准备，
潜入海底深处，探究人性和爱情的神秘、危险和美妙。

中年婚姻不忍细看

我做节目的时候讨论过很多话题，最一言难尽的，一是青年迷惘，二是原生家庭，三是中年婚姻。

中国的中年男女很少活得舒展豁达，大部分给人的感觉都是拧巴、压抑、苦涩，上有老下有小的负担，职场打拼竞争的危机，个人情感和性欲的难言之隐，人生走到中部的困顿。35～50岁是婚姻最沉重的阶段，这个阶段考验的不仅仅是爱情，更多的是耐心、恒心、毅力，熬过去就是白首相守，熬不过去就是人生重写。

中年男性找我咨询主要三类：婚外情，与妻子的感情冷淡，离异后的心理落差。

中年女性的困惑有两类：第一类是孩子教育，多半是丈夫常年疏离家庭，她们的心血都倾注在了孩子身上，所以格外重视孩子的成长问题；第二类跟性有关：无性婚姻，婚外的异性，与出轨相关的问题。

中年人维持的"完整"婚姻是最好不要靠近细看的。

解读中年婚姻的困境，首先要明白两性不同，这个不同主要是两性人生各个阶段需求的不匹配。

男性 15 ~ 30 岁主要面临的是生理需求和生存需求，因而只能选择满足他迫切需求的异性，并没有太多资本和时间挑选。男性 35 岁以后性激素回落，心理需求上调，更在意精神层面的对等，此时才产生真正的恋爱需求。可往往他们已经进入围城，与配偶没有精神交流，没有自由权去追求，中年男性只能尴尬地停留在精神压抑状态，或者婚外情中。

他们多数会选择年轻的女孩子谈一段婚外恋，一是经济实力足以征服年轻女孩，二是只有在年轻女孩面前才能一扫面对原配的挫败感。

见证过男人早年穷困落魄的妻子不可能像小姑娘一样一脸崇拜地望着他们，满足男人天生就有的英雄情结。

但是这样的恋情往往在第三者要求上位的争吵中夭折，或者第三者遇到了结婚对象后放手。已婚中年男性往往会经历多次失恋，但依然不妨碍他们再一次用同样的方式追求下一个女孩。

至于他们的妻子，有一些还监察、管理、刑侦、吵闹，整一出正宫逼退"小三"的戏码；大部分人睁一只眼闭一只眼，只要孩子学费、老人养老、自己"双 11"购物的信用卡账单还有人支付。

中年男性一般在两个职能里来回穿梭：年轻异性面前的情郎，似乎回到当年十七八岁；沉默家庭中的提款机，按月交家用，妻子不理会，孩子玩手机。

他们在热情、激情和一地鸡毛中，小心翼翼地寻找平衡，可往往更多的是失衡，稍不留神就是一场后院失火，或者再一次失恋。

最会谈恋爱的男人不是小伙子，是 35 岁以上的中年男人。最懂失恋的也是他们。

女性生理需求出现得比较晚。年轻时期主要是恋爱需求，遇到的男性表面上与她谈爱，本质上还是想尽快满足性欲，并且成家生子。所以在短暂热烈的追求期后她们懵懵懂懂地进入婚姻，此时才发现丈夫并没有延续对她曾昙花一现的爱情。而 35 岁以后的生理需求，丈夫无论体力还是心力都无法满足她，所以中年女性多半性压抑，或者寻求出轨刺激。

女性的出轨一般是隐秘的，她们天生擅长掩盖和维持，而她们粗心大意的丈夫基本上多年都浑然不觉，除非她们自己已经想主动闹大了离婚。

这些忙碌于家庭内外的主妇们，如果有一天，她们辅导孩子作业开始耐心，对丈夫晚归也少了意见，甚至节假日去公婆家里过也满口答应，家里窗明几净，饭菜可口，丈夫问起最近怎么心情蛮好，她们会回答：哦，报名了一个瑜伽班，也许有作用吧。

瑜伽班、健身课、插花、烘焙、小姐妹聚会，这是很多中年女性给自己人生放空的一个短途旅行。

在中年夫妻的卧床上，看似躺了两个人，其实加上手机和脑子里的，有四个人。唯有这样的填补，才能把生活的压力、满肚子怨气揉碎了消化掉，唯有对婚姻睁一只眼闭一只眼，才能泅渡到白头。

　　就像童话中两个贪心的人挖地下的财宝，结果挖出一个人的骸骨，虽然迅速埋上了，甚至在上面种了树、栽了花，但是两个人心里都清楚地知道底下埋的是什么。看见树、看见花，想的却是地下的那具骸骨。

婚姻制度沿袭千年，古人的中年婚姻大抵是没有现代人这么多烦恼的。婚姻模式存在的绝大部分时期人类是吃不饱的，吃不饱的时候生存繁衍至上。小农社会一个人根本活不下去，家庭必须多些劳动力。

温饱问题解决以后，人就从基础生存需求上升为心理需求，想如何生活得更好、更有质量，想体验更高级的满足和幸福。

新的需求衍生出来，而婚姻的框架是千年前的，到底是消灭需求还是消灭框架呢？

人的需求就是野草，野火烧不尽。

社会学家保罗·阿马托曾在《一起孤独：美国婚姻的变化》这本书里通过大量的研究表明：结婚越晚，婚姻稳定性越高，幸福感也会越强。

物质基础打好，婚姻更容易幸福。有研究表明，钱能减少婚姻生活中至少 80% 的摩擦和争吵。经济基础在一定程度上决定了婚姻的幸福度。

选择晚婚的人物质更富足，幸福的底气会更足。

人格稳定成熟，婚姻更容易长久。

加拿大英属哥伦比亚大学社会学系助理教授钱岳博士，在《我们为什么结婚》中指出：很年轻的结婚年龄是预测离婚最主要的因素之一。

早早结婚的年轻人，往往对自己认知不足，心智尚未成熟，三观也未完全形成。所以在生活中，容易对自己的另一半有错误的预期，很难在一开始就选中真正适合自己的伴侣。

而选择晚婚的人，往往有着丰富的阅历、成熟的三观。他们知道自己是谁，也知道什么样的人更适合自己，对配偶很少做出错误的判断，并且他们也更能够应对婚姻生活中的各种挑战。

高度的自我完善，让他们避免走弯路，婚姻更稳定。

男性先完成自我原始积累，更明白自己要什么，需要什么样的终身伴侣；女性觉察了解自己的身体需求，自我意识觉醒，为自己选择丈夫而不是被催促。

　　婚姻，是两个成年人之间的合作，唇齿相依，共赢共生。而不是推着两个少年懵懵懂懂地去过家家。

　　要么找个对的人，要么就独身，千万不要一张床躺着四个人。灵魂和身体要结合在一起交给那个心爱的人，而不是支离破碎、欲盖弥彰。

　　祝大家遇到那个，让你从身体到灵魂都绽放的人。

两性：成熟的最高境界是没有性别

男女性别只是个体的生物属性，雌雄同体才是社会生存最优解。

爱情生病

　　我经常会接到一些爱不下去也断不了的情感咨询，包括婚外情，挽留前任，失恋走不出。他们的共同特点就是"非常纠结"，明明知道这段感情没有结果，想分手却总是忍不住继续联系对方，就像吸毒的人，知道毒品危害却没办法根本戒断。道理都懂，但是自己就是做不到，人无法做到绝对理性，特别是感情。

　　这个时候，我会建议"无为而治"。

　　无为，源自老子的《道德经》，指顺其自然，不必有所作为，是古代道家的一种处世态度，不过多干预，遵循客观规律。

　　什么是感情的客观规律？它是跟随两个人的成长、变化、需求而变化发展的。人生每个阶段的需求不一样，对感情的态度也不一样。

　　青春期渴望性，成年人渴望亲密，中年人婚姻渴望激情，闲暇时格外空虚，充实时择优而取。

处于不同阶段的人，对感情的渴望程度和要求是不一样的。比如你回头看，彼时让你要生要死的爱情显得格外幼稚荒唐，为什么呢？因为随着时间，你改变了。

情感困惑的产生根源就在于，因为太想控制或太想戒断，过于关注而干预太多，越干预越适得其反。

"白熊效应"，又称反弹效应，源于美国哈佛大学社会心理学家丹尼尔·魏格纳的一个实验。他要求参与者尝试不要想象一只白色的熊，结果人们的思维出现强烈反弹，大家很快在脑海中浮现出一只白熊的形象。

失眠的人总被告知"睡前不要胡思乱想"，对于伤心的回忆，我们也总提醒自己不要回想，但事实往往与之相反。越是不要做、不要记得的事情，往往越会做，越会回想，这其实就是心理学中的"白熊效应"。

"他没回我信息是几个意思？""她是不是又去见前男友了？""没有结果的爱情要不要继续？""我继续跟他在一起还是分手？""怎么挽回他呢？"……以上都是"白熊"，越想做决定越思绪紊乱，越浪费时间，越没结果。

一天总是盯着感情想会放大它在生活中的影响，你的注意力放在哪里，你的人生就会往哪里走。

无为而治，对感情就是先"搁置"问题，不急着做决定也不逼自己，只是安排好生活，顺其自然地随时间往前。

该吃吃，该喝喝，该工作工作，该娱乐娱乐，转移注意力去做一些对自己未来有实质益处的事，健身，培训，副业赚钱，给生活一些新改变。在这样的生活新秩序的养成中，你会有更多时间思考，结交新朋友，专注学习，为目标努力。坚持 1 ～ 3 个月以后，曾经那个缠结你心绪的感情问题就会影响越来越小，病症不药而愈。

以前有人说过，大学里失恋后，要去考英语四六级，成绩不会太差，因为复习记单词需要强迫转移大量注意力，考试会有不错的效果。我认识一个女性朋友，每次分手后，哭三天，就去报个培训班考证，这么多年，竟然考完了教师资格证、对外汉语教师证、瑜伽教练，还学了烘焙！她说过，将失恋的痛苦转移成动力，去做任何事都不会太差。

当你的世界里小到只有一个人，感情里的风吹草动都会成为大问题。当你开始去学习、去上课、去社交、去认识新朋友、去新公司、去副业赚钱、去旅行，你会明白世界之大，而烦恼如此之小。那个放不下的人似乎在你的生命里逐渐褪色，那个想挽留的人也没那么牵动你的神经，而人生，也不只是感情。

无为而治起作用的原因在于，曾经无所事事整天用放大镜纠结恋情中的细微情绪，为对方的一举一动伤神，迷茫而无助地从感情中找救赎，而当你的世界变大了，脚步加快了，时间有效利用了，你就会开始为自己负责，做妥当的决定。因为你已经"更新"了，一个更新的生命，也会更新他的生活、情感和未来的规划。

婚外情该不该继续？婚姻逐渐平淡是正常，而新的激情是个人目标实现而不是寻找情爱新鲜。太闲暇、没有目标的人最容易发生婚外情。为什么呢？因为没有寄托和存在感。

要不要试图挽回前任？如果对方提的分手，你更应该把感情放到一边，去找回自我，热爱生活，转身的背影潇洒一点、酷一点，进化成更好的自己。蜕变和新面貌才会让前任怀疑自己当初的决定，而到时候要不要在一起，主动权已经在你这里了。

走不出失恋的你，准备原地停留多久？跑得快一点的人，才能把过去甩远。

不知道爱情怎么办的时候，先"放一放"，"搁置"，把生活搞活。

毕竟没有永恒的爱情，而生活一直要继续。无论何种境地，都不能放弃好好生活、认真努力。

　　感情上无为而治，生活上有效盘活，最终找到通向自我的路。

不谈情感的情感咨询

爱情出了问题，其实是人生的问题。

我接过一个案例，27 岁的女孩子，诉说她家人反对她跟小六岁的男友在一起，最后问我要不要分手。

我并没有回答这个问题，而是对她说：请你说一下你的生活、工作、家人等，还有自己的烦恼吧。

这时，来访者在语音电话里哭得一塌糊涂，对生活现状的迷茫，对工作的不自信，从小不被父母认可，认为自己毫无能力，一股脑地倾泻而出。

把她二十几年的压抑在电话里宣泄出来，我并没有打断，静静地抱持她的情绪。

要不要分手只是一个引子，背后隐藏的是生活中复杂的冲突和不自信的人格内核。

每个感情出问题的人，其实真正的矛盾不是感情，而是人生和自我。

我是情感咨询师，可我不谈情感。

我总会问当事人生活的其他方面，比如工作、与父母的关系、人生目标等。

撑起人生的是四个桌脚：原生家庭，经济财务，事业目标，感情人际。桌面则是健康，没有健康的身体一切都不具备意义。

如果一个感情问题就让一个人陷入危机的话，说明他其他三个桌脚早已存在隐患，三个桌脚的桌子是尚能站稳的，把感情当作主要支撑或者救星的人，这时候人生会出现巨大崩塌。

原生家庭、经济财务、事业目标、感情人际这四个元素是一个系统，每一个分系统的改变都会引起系统整体循环的改变。缺失任何一个分系统，其他分系统也会有损伤。当缺失分系统太多，只剩单个的时候，其实已经四面楚歌。

事业和经济是勾连在一起的，但不代表经济条件好了事业就好。人生要有干劲和目标，很多衣食无忧的人仍然无所事事，终日迷茫。经济和事业改善了，就具备基本的自信了，而有自信心和安全感的人，经营感情更加游刃有余，不会依赖过重吓跑别人。好的感情和人际关系、热爱的事业、充裕的经济条件，能引导那些原生家庭有创伤的人真正走出来。

一个生活陷入瘫痪的人，问题绝不仅仅是情感。

没有事业陷入迷茫，寻找感情寄托只是饮鸩止渴。

没有收入来源，想在感情里寻找长期饭票，结果所托非人，期待落空。

因为原生家庭阴影一直无法自信的人，更会在爱情里沉沦，总是想通过爱情证明魅力，寻求价值，最后被花言巧语掏空。

通过原生家庭的关系了解一个人性格的成因，通过询问经济收入和事业状况了解他的生活现状。而感情经营不好的人，则很有可能问题出在前两者。

爱情婚姻中的相处模式一直在童年成长时期养成的性格模式里打转，没有经济和事业保障，所以总是对爱下手过重。一个人性格和心态不调整，也没有完整的生活和事业，想学沟通、表达这样的皮毛技术，或者直接找专家要建议，是很难真正解决自己的情感问题的。

情感的暖是一时的，对生活发自内心的热爱，对人生的探索热情，才是真正的火把。

咨询的最后，我询问了这个女孩对生活的愿景。她说两年后想有自己的房子，能从父母身边搬出来，可以独立生活。我问那你有什么优势和资源能在这两年内多赚一些钱攒够首付呢？女孩说，她虽然学历不高，但是个子高。我说，那可以试试兼职礼仪模特，你的自信会随着自己拓宽圈子、创造财富的过程一点点增长的。

最后女孩没有再问要不要跟男朋友分手。我相信也不必问。

　　因为感情是人生历程中顺势而开的花朵，何时开、何时枯、何时重逢，都是自然而然的。

　　情感如河流，有它的流向，不是一句分手抽刀断水可以决定的。

当一个人独立、丰盛、成熟的时候，他 / 她的情感问题，就不再是大问题了，他 / 她亦有自己解决的能力。这张人生之桌已然四脚齐全，可以站稳了。

雌雄同体才是高级魅力

做咨询师，经常听到男人女人各自的抱怨和诉求。

男人最爱说的话："还不是嫌弃我没钱。""男人有了钱什么都能搞定。"

女人最爱问的话："我该怎么样让他更爱我？""我要如何经营好感情？"

男人一心盯着金钱、成就，女人眼里都是感情、感情、感情。一旦在生活中受挫了，男人总归因于"都是因为我没有钱"；女人总觉得"是不是我不够好，不够懂他"。

男人压力满满，女人泪水涟涟。

金融、期货、成功学这些地方挤满了男人，情感、两性、婚姻指导里挤满了女人。

我突发奇想，如果男女各自调换一下他们的钻研领域，说不定对解决烦恼有帮助。

为什么呢？我很少遇到男性主动关怀过自己的情绪，绝大部分男性不懂得情绪减压，他们多数选择喝酒、抽烟、赌博、游戏去暂时逃避；绝大多数男人也不懂得两性心理，他们认为只有钱才能给自己带来好的婚恋；绝大多数男人也没有主动学习情商技巧，直男思维使他们常常在职场和生意合作中得罪人而不自知。

男人的短板是情绪、情感、情商。

而找我咨询的大部分女性往往把余生最大的期望寄托于找个好男人，化妆、打扮、约会、相亲是人生最重要的课题，自我贬抑个人能力，没有职业规划，没有发展目标。"女人不需要太拼，最重要的是找个好男人"这一信念深深根植于心，她们最开心的事情是男朋友多么宠爱自己，最崩溃的事情是发现男人出轨聊骚。

"晨曦，我好没有安全感，缺爱怎么办？"

"你不是缺爱，你是缺存款，缺稳定收入，缺职业规划，缺人生目标。"

女人的短板是能力、成长、发展。

据近年的统计，70% 的离婚是女性提出的，离婚最重要的原因是感情不和、家庭暴力、赌博等。我在与来访者的沟通中，发现她们的男性伴侣的情绪控制能力存在严重欠缺，当他们有压力的时候容易诉诸肢体暴力。

我们的文化是不鼓励男性表达自己情绪的，"男儿有泪不轻弹"，"男人就是要扛住"，久而久之，收敛和压抑成为大部分男性处理自己情绪的方式，烟酒成为他们最好的伙伴。

弗洛伊德说，未被表达的情绪永远都不会消失，它们只是被活埋了，有朝一日会以更丑恶的方式爆发出来。

很多成瘾习惯，比如赌博、网络游戏、性，都是男性宣泄情绪的出口。而他们的伴侣并不理解，便引发了家庭矛盾。还有极端的家庭暴力，更容易毁掉一段关系。

假如，男性能察觉识别出自己未解决的情绪压力，通过与伴侣、朋友或者咨询师的沟通，获得缓解安慰，及时处理，也许很多感情就不会因此而破裂。

关于情感，懂女人的男人很少。有些男性容易极端地把女人归类为"拜金的坏女人"和"顾家的好女人"，非此即彼。在追求阶段、交往时期，往往不注意女性感受和感情经营，导致最后分手也不明白到底问题在哪里，恶狠狠地甩下一句"女人就是爱钱"，然后索性放弃了解两性的不同，交往总是屡战屡败，直到习得性无助，变成愤世嫉俗的键盘侠。

如果稍微抽一点时间，学习一些心理知识，修饰一下形象，管理一下仪容，让自己绅士有教养一些，懂得制造浪漫细节，他们的情路可能会顺遂一点。

易得千金裘，难得有情人。**真正打动女人心的，是有心、有爱、有温度的男人。**

关于情商，至今很多男人理解的情商是搞关系、说好话、请吃饭、喝酒，而真正的高情商男人不会做这些刻意的关系维护，他们的情商体现在工作中不随意批评指责别人，善于沟通，愿意聆听，善于合作，懂得分享。在感情中，情商高的男人，哪怕吵架也永远不会说出让伴侣崩溃的那句话，不会以自我为中心，反驳对方的时候先给予对方肯定，擅长换位思考，会设身处地照顾别人的感受。

男性与其整天研究成功学，不如开始向内探索，关注情绪管理、情感经营、情商提高。这三点无论对职场、工作、合作、婚恋、经营，都有极大的好处。因为只有懂了自己，才能懂他人，懂世界。

女人跟男人完全相反，对"情"字咀嚼探究过多，导致完全没有精力和时间去看看外界。

小红书、淘宝、电视剧、毒鸡汤，前两个掏空她们的钱包；后两个告诉她们只要像电视剧女主角一样觅得良人就能幸福美满，如果现在感情不顺，那一定是没遇到对的人。

工作，得过且过；收入，只够购物；未来，交给那个他。寻寻觅觅找那个他，遇到一个就爱来爱去，发现是渣男又骂骂咧咧。如此往复，最后来找我咨询："晨曦，为什么现在男人都没一个靠得住的？！"

当你对他人开始期望的时候，就是你无法掌控自己人生的时候。**没有哪个男人生来是满足女人的爱情愿望的，男人和女人更像是人生合作打怪兽的好战友，但前提，女人也得有打怪兽的技能。**

中国女性成长的环境是不允许她们看到并发展自己能力的。"女孩子学不了理科""女孩子学历那么高容易嫁不出去哦""工作找个离家近清闲的""还是找个好老公重要"……

于是很多女性在这样的洗脑中，真的按照傻白甜的标准打造自己，乖乖等待好男人从天而降，为自己埋单一切。

社会资源竞争异常残酷，小肥羊养肥自己的后果，就是无力无助，除了寄托命运，没有主动权。

多提升一分能力，就多一份工作机会；多成长一点，脑子里就多一分智慧。发展的天空不只是别人框出来的井口，还有更大的世界。

原始狩猎和农耕社会靠体力，女性在体力上处于竞争劣势。如今的互联网 5G、城市服务业、高新科技，都是女性可以发挥智力精工细作的领域；资本市场也不看性别，只看成果。

如果可以，认认真真给自己做一个成长计划、职业规划，配置不动产，学习理财，阅读思考，女性会建立真正稳固的安全感，同时对男性的需求不再是物质权势，而是理解和相爱，真正地从索取和依赖的模式中解脱出来。

从情绪和情感的束缚中破茧，女性向外探索，看看外面的世界，盘点自己的资源，树立清晰的目标，制定长远的规划，因为只有自己把控人生，才能稳固自我和感情。

人们容易被社会意识和刻板锚定带偏，走入个人内卷化，只有摆脱定式思维，学会补齐短板，才能实现个体潜能最大化发挥。

如果一条路很多人走，不代表是对的，也许是盲目的，我们可以尝试践行自己的个体幸福之路。

在两性成长道路上，男性多通"情"，女人多发"力"，雌雄同体才是未来社会的优化生存方式。

男人，你真的懂追求这件事吗？

如今无论是生活还是网络，单身男性择偶难的诉求和呼声越来越高，有大龄未婚，也有离异男士，他们渴望幸福的婚恋，期盼知心的爱人，期待圆满的家庭。而社会价值观多元，竞争激烈，很多优秀的男性都在择偶路上屡屡受挫，不懂女人心，不知道如何表现和追求，甚至个别投奔不良 PUA，玩世不恭，走上误人误己的道路。

男性追求异性容易走两个极端，一是简单粗暴地认为只要有钱什么都能办到，要么愤世嫉俗攻击异性拜金，要么不懂内外提升，豪掷千金，却所遇非人；二是宅男，自卑、内向、不善社交，空有才华和能力却不懂得展示，总是错失交友机会。

男人们，你真的懂怎么追求异性吗？

许多男性把自己择偶受挫归结为经济条件，除了极个别男性真的穷困无力之外，大部分男性择偶受挫的真实原因有三个：

（1）外形不修饰，毫无吸引力；

（2）言语举止给女性不好的印象；

（3）脾气大，涵养缺失。

如果一个男性是工薪族，经济条件一般，但是以上三点皆很注重，那么他在异性中是会很受欢迎的。

再也不要把自己的追求被拒绝归结为"穷"，然后不去面对现实，只是情绪泄愤了。如今女性都在追求经济独立、自我提升了，中国男性也真的需要成长，再用陈旧思维与异性相处，哪怕自身经济条件再好，也很难得到女性真心青睐。

择偶屡屡碰壁的你，可以看一下以下十个细节，你能中几条。

（1）认为男人不需要注重外表，邋遢不修边幅，发式几千年不变，没注意过服饰是否与个人气质匹配，从没有了解过男性服装搭配，衣柜里的衣服都是几年前的。

（2）抽烟，喝酒，打牌，洗澡频率看心情，胡须、鼻毛不勤修剪，身上有没有味道自己不清楚，吃饭吧唧嘴，坐着抖腿。

（3）觉得自己随便哪个角度自拍都不错，都挺帅，做网络头像没问题，随便挑一张就拿去用。

（4）跟女孩聊天只会问"吃了吗""在吗"，刚加微信就问女孩要自拍照、素颜照。

（5）没聊几句就查对方户口，问有没有男朋友、找对象不，觉得自己怎么样、要不要处对象。

（6）经常说"女人老了就嫁不出去了""女子无才便是德""再不找对象就没人要了"。

（7）说话没主见，强调父母的要求，喜欢孝顺的传统女人，希望婚后与父母同住。

（8）第一次约会就控制不住手脚，迫不及待用行动表达自己单身多年的饥渴。

（9）没什么兴趣爱好，日常就是打开手机呵呵傻笑看短视频直播，或者爱打游戏、爱赌博。

（10）极抠门，一杯奶茶钱都斤斤计较。

如果以上十条，你中枪三条，说明异性缘会比较差，如果中枪五条以上，说明相当困难，如果八至十条，那就得做好单身很久的准备了。

如何让自己在追求异性的道路上提高成功率？

首先是外形。

古语云：女为悦己者容。可到了如今这个年代，女性也拥有了经济能力和社会地位，所以越来越注重未来伴侣的综合素质，比如外形，特别是一些优秀的女性。社会在改变，男人不应还用"糙汉子"的标准要求自己，邋遢的形象会让你在择偶道路上出师未捷身先死。如果男性注重个人形象的包装和打造，会更具备婚恋择偶优势。

发型、服饰、形体、仪表四个方面，你认真打造过自己吗？

身高是无法改变的，如果不想去整容医院，男性最快捷的形象改造就是发型和服饰、形体和仪表。

发型忌夸张，清爽利落的发型是女性的偏爱，忌过长，显得没精神。多年未改变形象的男士，也可以找一位形象设计师，简单告诉他要求，设计一款适合自己的发型。

服饰忌紧身和宽大，忌颜色夸张，商务休闲为主，好看的衬衫是加分项。如果不懂服装搭配，也可去品牌男装店挨个试衣，或者寻求店员专业建议，整套搭配买。

身高无法改变，但形体，包括体重和肌肉是男性可以自我控制和管理的。健身房、跑步机、户外运动，都是有益身心、塑造形体的机会。与其窝在家里玩手机跪舔女神，不如去健身房练腹肌。相信你在朋友圈有意无意晒出身材的那一刻，也是你异性缘到来的时机。

关于仪表，坐有坐相，站有站相，声音笃定，眼神清亮，笑容温暖，身上少配饰，有也是简约有质感的，注意个人卫生，修剪鼻毛，不留指甲，注意牙齿清洁，口气清新没有烟味。待人接物彬彬有礼，为人处事宽厚大度。不油腻，不猥琐，不直男癌。

其次是进入两性交往阶段的一些注意事项。

如果女性加了微信，或吃过一次饭了，对你印象不错，开始进一步接触，我们就进入了认识初始阶段。这一阶段的禁忌特别多，因为这是女性对男性的考察期，有很多人挺过了第一印象关，却栽在了考察期。

最大原因是心态。心理学有个概念叫作"延迟满足"。所谓延迟满足，就是我们平常所说的"忍耐"。为了追求更大的目标，获得更大的享受，可以克制自己的欲望，放弃眼前的诱惑。

我理解很多男性单身多年，终于接触到自己心仪的姑娘，特别想一步到位，甚至马上结婚成家。但是，女性注重感觉，谨慎而慢热，越是急着告白、急着要对方答复、急着谈婚论嫁，就越容易失败！本来良好的第一印象会因为你的猴急让女性反感，警惕，防御，最终远离。

如果想提高婚恋成功率，尽量不要认识一个月以内就告白。能延长就延长，有耐心的，两三个月都不急，因为你也需要多了解那位女士。有男士问，我这一个月就这么干等着啊？那该怎么度过这难熬的告白前期呢？

心态平和，适当热情，多送关怀。

心态平和指的是，能成为恋人最好，如果不能如愿，认识一场能做朋友，也是不错的。越是抱着这样的心态，女性跟你来往越能感受到你的平和、稳重、张弛有度，而不是饿虎扑食、饥渴难耐。

适当热情，让女性感受到你对她的格外用心。比如再次邀约，不一定是吃饭，也可以看话剧，也可以郊外漫步，等等。每天不需要时刻聊天，但是固定频率又不打扰人的问候，朋友圈动态评论，关心她的日常，让你的存在变成她生活的一部分。但切忌大段文字，大量信息，行踪调查，临时邀约。我强调一下邀约，如果要邀请女性外出，至少提前两天以上向对方发出邀请，询问是否方便，而不是招呼也不打就直接到对方公司楼下约晚饭，或者深夜问要不要出去消夜。女性赴约都是要提前打扮的，发型和服装并不是直男想象中的随意，这是非常不礼貌的行为，会让女性觉得你唐突而随便。

多送关怀，指的是追求初期的小礼物。送礼物在追求异性阶段是必不可少的，但是要讲究性价比，也讲究送到位。送礼三原则：价格适中，化整为零，投其所好。

刚认识就送价格太贵的礼物会给女性带来心理负担，而且会提高她对你的前期预估，后面真实相处就骑虎难下。礼物价格应该跟自己的收入相匹配，小而精，玫瑰花、香水、口红、零食大礼包等，都可以让女性感受到你的用心。

化整为零指的是多送礼而不是送一次，把送礼物的预算从一拆分为五。为什么是五呢？记住"三节两寿"，情人节、七夕、圣诞三节，女孩生日和恋爱纪念日两寿，这样一年到头你的存在感无处不在。

投其所好，意思是不要站在直男的角度，要多了解对方，从而送礼送到心上，送到位。有些女性朋友曾经收过很让人啼笑皆非的礼物，比如一只羊腿。女性多喜欢浪漫精致的东西，不建议送衣服，容易踩雷区，还是以化妆品、首饰、丝巾为主。如果有其他兴趣爱好，比如漫画、电游、阅读，以兴趣送礼绝对错不了。

心态调整好了，在了解中情感也升温了，礼物也送了不少了，接下来就进入实战——准备告白。

这里我要提出一个新名词——告白预热。为什么要告白预热呢？因为这一步做了铺垫，会让你的最终告白更加顺利、水到渠成。

在大概五次约会，来往一个月（有耐心的可以更久）以后，女方没有拒绝你的邀约，鲜花小礼物也都笑纳，我们可以进行第一次"告白预热"。

"认识你这么久，也逐渐了解了你，外表坚强，其实内心还是一个小女孩，我希望自己能成为照顾你的那个人，让小女孩有个依靠。"

可以在微信聊天的暧昧时分，将这段话发给女方，看对方回应，如果回应感动、流泪等表情符号，说明对方很受用。如果没有明确回复也不要灰心，毕竟这只是预热。

告白预热的好处是让对方间接明白你的深情和爱意，但给予一定的考虑时间，并不打破女孩的矜持。

在告白预热一周以后，如果女方并未拉开与你的距离，保持着以前频率的联系，或者更加熟络，这就意味着正式告白的日子到来了。

建议提前准备，尽量当面告白，但是个别比较腼腆紧张的男性，也可以微信文字告白，但是措辞和表达一定要非常具有仪式感！

"我喜欢你／我爱你，请你做我女朋友，好吗？"

没有女生喜欢不清不楚的开始和模棱两可的关系，越是正式而热烈，越代表你对她和这段关系的重视。

在这个充满套路的年代，简单而真诚，就是你最大的优势，甚至超越了财富和相貌。毕竟，女性选择长期交往对象，最重视的一定是安全感。

告白有两个禁忌：不能太早，显得你饥不择食毫无诚意；也不能太随意，没有仪式感。越是缓慢推进，越是慎重认真，你的成功率就越高。

当然，告白不成功的，心态要端正，与对方共处过一段时光，能做普通朋友也是人生的缘分，千万不要心愿未达成就心生怨恨，爱情里从来没有天道酬勤，只能尽最大努力，但要接受任何结果。

追求，不是一场自我欲望的征服，而是两个灵魂相识、了解、相爱的共舞，在展示、表达、交往的过程中，希望男性成长为更好的自己，从一个"糙老爷们"进阶为"谦谦君子"，从爱的囫囵吞枣到投入享受每一次相处的美妙。

爱和被爱，永远值得用心和努力。

女性力量的苏醒

男人的极大幸运在于，他，不论在成年还是在小时候，必须踏上一条极为艰苦的道路，不过这是一条最可靠的道路；女人的不幸则在于被几乎不可抗拒的诱惑包围着；她不要求奋发向上，只被鼓励滑下去到达极乐。当她发觉自己被海市蜃楼愚弄时，已经为时太晚，她的力量在失败的冒险中已被耗尽。

——西蒙娜·德·波伏娃《第二性》

养在花瓶里的一朵花是美丽却脆弱的，它只能依赖主人当下的喜欢，浇灌，修剪。一旦枯萎，除了被丢进垃圾桶，没有任何选择的权利。

根植于泥土的一棵树，广袤的大地、和风、阳光、细雨、空气都是它的供给，它同样给自然以回馈，奉献绿荫，净化空气，保持水土。

花朵没有根，树木有。花朵随流年凋谢，树木卓然独立，哪怕消逝，也化作煤炭，变成了矿藏。

作为中国女性，我们幸运之处在于文化对自我独立能力的宽容，我们的最大不幸也来源于这样的溺养。

从小被长辈、被社会舆论教养做一朵花，美丽温顺，不需要懂太多，不需要太聪明，不需要太能干，你的命运是找一个人来照顾，"找个好男人嫁了"，"生个孩子就好了"。如果人生面临动荡，发现这样的教诲，在现实面前是多么不堪一击。

命运不会因为女性的美、温柔、顺从或者愚蠢，多加垂怜。被家暴、被愚弄、被抛弃、被利用、被杀害，诸如此类的社会新闻频频见诸报端。女性的路，向来没有想象中的平坦和顺利。

在疾风暴雨中，做一棵树，根系深扎于泥土，枝干向上伸展，强大到可以独立，独立到可以给予。

如今在新闻媒体、各种公众号，都在传播一种空中楼阁一样的爱。

　　找一个宠我爱我的男朋友；

　　男生一定要给女人买买买；

　　一个女人缺爱怎么办；

如何挽回男人的心；

一个男人出轨的表现。

女性把对未来和命运的所有期望寄托在做一朵无根的花、去找一个花瓶上，期望用感情和寄养交付自己的一生。一旦幻想破灭，就开始谴责异性。在痛斥渣男不忠、出轨、背弃的时候，可曾想过，你当年进入这段关系，是否也企图通过一份感情让自己拥有一张长期饭票和终身保险？

毁掉你一生的，绝对不是一个男人，而是一开始的幼稚、侥幸、懒惰、贪心。

女人的头脑每天都在面临意识的洗礼：消费主义给她们做小公主的美梦，培训直销教她们做骄傲肆意的女王，一个让她们买买买，一个让她们交学费。

可没有人告诉女性，人生残酷，谁能保证你一世做公主或女王？

我们生来便是战士，要么闯荡江湖谋生，要么与伴侣并驾齐驱，共同为美好未来奋斗。

从现在开始，从外部世界寻求依靠转变为自我生长的力量。

- 物质精神独立：你有一技之长，能养活自己，不仰仗父母、不依靠伴侣。你有自己的事业、兴趣、圈子，能安然独处，寻找快乐，内心从容，爱身体发肤，不委屈内心，由内到外爱自己。

- 自我调节能力：情绪起伏，压力伸缩，都有自我调整恢复的能力，而不做情绪的奴隶，为自己的暴躁、埋怨这些负能量收拾烂摊子。

- 感情经营能力：足够独立才能做到足够信任和依赖。鸟儿站在枝头不是因为树枝牢固，而是拥有翅膀。自己有安全感的女人才能享受爱情的过程，做甜蜜的小女人，而不是焦虑和猜忌。她选择相信爱情中的忠诚，也能应对任何人的离开，不纠缠，不狼狈。

从现在开始，从缺爱、索取爱变为可以付出爱、回馈爱。

时常都有女性在发声，感叹为什么没人爱自己，自己如何缺爱、缺安全感。这两样宝贵的东西，自身都可以自足和给予别人的。

每个成年人都有爱的能力，而不是像婴儿一样索取，幼稚而任性。

谈到自己缺爱的时候，请先问自己，我今天爱别人、爱朋友、爱伴侣了吗？我把自己的积极情绪传递给周围了吗？我为别人做什么、付出什么了吗？爱是一种良性循环，但源头应该是你自己。

自己先变成太阳，周身才有光和热。没有能量只
会索取，你缺的不是爱，是一颗成熟的心。

从现在开始，扎根在社会中，而不是在家庭中寄生。

有的女性不愿意工作，不愿意参与社会竞争，认为婚姻是温室。**岂不知婚姻是另外一种形式的"职场"，只不过你的"老板"是丈夫，竞争"同事"是婚外虎视眈眈的"小三""小四"。**

加班工作是压力，查老公手机也是压力。**人生各有各的累，不吃学习的苦，就吃社会的苦；不吃社会的苦，就吃婚姻的苦。**

面对社会竞争，在磨砺中提升了能力，获得了资源，不好走的路走久了会越走越顺。女性真正能脱离对情爱的执念和依赖，获得个体独立，摆脱寄生思想，唯有三条道路：

学习；

工作；

社会活动。

学习保持思维成长，工作给予人格独立，社会活动保持社交获得资源。而不是整天研究"怎么搞定男人""男朋友不回我微信几个意思""婆婆对我不好该怎么办"。

把眼睛和头脑都打开，摆脱那些原生家庭和世俗舆论的束缚，通

过扎根社会，努力和积累，给自己带来真正的自由。

如果觉得孤单无所依靠，人生海海，没人能借你一艘船，自己做舵手才能走得更久远。放弃做花，不再逃避，回归野性残酷的自然，慢慢生长成一棵树。**你是别人的妻子、女儿、母亲，有社会角色和社会责任，但更重要的是——做自己。**

女性过高地推崇了爱情，却不积极去寻找自我；急切地想找个爱人安定，却懈怠于找到真正热爱的理想。

找一件热爱的事情，终身去追求，成就自己，女人的命运可以有自己不一样的解读和创造。

一生漫长且多变，

你应当自立、成熟、包容、沉静且温柔，

智慧、健康、勇气比什么都重要。

时代
&
观点

Part 3

徘徊在社会的十字路口，你丢了自己

时代病：现代人的三大顽疾

孤独、缺爱、没有安全感，现代人的三大时代病。

孤独时代病

孤独本身是中性词，没有褒义，没有贬义。人们太抗拒孤独，这才是烦恼。

很庆幸我们很多孤独的前人们创造了文学、音乐、绘画、电影。

人最幸福的时光其实是在母亲的子宫里，通过脐带跟妈妈连接，周身被羊水包围，两个人的心跳同频。人们现在总说的"安全感"，其实就是曾经作为胎儿的记忆。永远被关怀，永远有连接，永远不饥饿，永远被保障。

自从出生，经历产道挤压，剪断脐带的连接，这颠沛流离的一生，从摇篮到坟墓，被恐惧、焦虑、孤独包围。从生物学意义上来说，人作为有机生命体，经历出生、衰老、死亡，与蚂蚱蜉蝣无异。但人是不甘心的，不甘心就这么无意义似动物一样赴死，于是打造了很多社会标准，如道德、价值和意义，并为此奋斗一生。

我想，我们的孤独，就是在努力的时候，忽然停下来了，开始反思这些意义。

人一生寻求的，就是与脐带连接的感觉。这个脐带后来就变成了父母、爱人、朋友或者事业。

当人或事物与自己产生连接的时候，内心就充盈着一份安稳的感觉，好似回到了子宫。

当一个人跟外界断了连接，就似乎变成了一个宇宙的孤儿，空洞洞没有回应。

连接感，让一个人感觉"还活着"。从这个意义上说，没有连接的孤独，跟死亡差不多一样。

所以，人类会那么恐惧。

平时我会做一些直播工作，每天有好几万人路过直播间，一千多人会停留，他们在拿着手机看我。

我想象了一下那个画面，差不多黑压压一操场的人。

外界很多人会给直播贴上各种标签，质疑这个行业的意义。我想说，直播行业，不过是这个全民孤独的时代的产物。

传统的娱乐方式，如纸媒、电视、电影、移动客户端影视，都是单向输出的。至于互动媒体，如视频弹幕曾经也很流行，电竞游戏也有社交。但是只有直播，将演艺、娱乐、竞技、游戏、互动、社交这些领域都结合起来。更重要的是，参与感、存在感、互动感是所有其他媒体无法达到的。

其实一个直播间，就是一个网络上的"家"，收容了很多流离失所的灵魂。

无所事事的看客，在很多人说话的空间，也有一种群体感。一瞬间，忽然感觉自己不孤独了。

付费的观众，也极大地满足了存在感——啊，原来有人看到我了，我不是孤单单一个人存在了。

我用我的时间、情感、内容去消融这些观众的孤独，然后在剩下的时间里，再品尝自己的孤独。

最近两年，我发现居住的城市有了很大改变，超市收银都是机器，顾客付费自助，银行柜员越来越少，超市、酒店、机场大堂都换成了机器人。

据不完全统计，中国现在的独居人口超过 7700 万，明年将逼近一亿。

人类从原始社会的部落居住，到家族群居，到分割成家庭小单位，到如今面临单身潮趋势，越来越多的人选择一个人生活。

我对人类的未来保持极大的乐观：物质生活的丰裕、科技文明的进步、智能的发展、寿命的延长；也有一些悲观，我们靠近了电视、手机、人工智能（AI）、机器人，但离人越来越远了。

我们身上有了香水味、高级感、科技嗅觉、智能气息，却没了人味儿。

如果说孤独是一种不可避免的时代病，那我们需要面对、接受或者尝试克服这种顽疾。

首先是社交转型。曾经的人类抱团是为了生存，如今人们更愿意在互联网上因兴趣而结识，继而转向线下社交活动，剧本杀、狼人杀、汉服社、美剧迷。新人类没有了家族意识，减少了亲戚邻里社交，而是转向"我喜欢跟谁在一起""谁比较有趣""我们更有共同话题"。

互联网让更相似的灵魂相遇，而不是依靠更相近的地域和血缘拉近关系。

其次是自我实现。越来越多的人上升到马斯洛的最高级需求层次，去寻找自我的目标，而不是重复所有人循规蹈矩的生活。孤独促使人把时间花在学习和研究上，孤独就变成了沉浸和享受。与爱好连接，继而转变成职业和收入，孤独和专注让这个转变成为可能。人群的喧嚣、群居的热闹，会淹没自己的声音，扰乱自己的想法，孤独恰好成就了自己的奇思妙想。

最后是贡献社会价值。当孤独带来了虚无感，打破虚无最好的方式就是去服务别人，贡献一份社会价值，发挥自己所长，参与一些公益活动，既融入了人群，又实现了意义。我的一个朋友小文，每年都会利用休假时间，去聋哑儿童学校做助教，既帮助了孩子们，还学习了手语，更结识了一帮热爱社会公益的朋友。

我更愿意把孤独当作生命的一封信，有收件人，没有寄件人。

有人打开一看，除了自己的名字，其余竟然是空白，以为是误发的无用信件，便直接丢进废纸篓。

我更愿意打开这封信，去思考和回复，在空白处写上我对生命的想法，关于自身的存在，关于未来，关于梦想，关于与我一样孤独的同类们。

信写完，心亦安。

没有安全感的你

这个时代我们最缺乏的，不是财富，不是名利，不是爱情，是安全感。

恋爱中的人没有安全感，生怕手机里异地恋人忽然失了联；赚到钱的人没有安全感，担心通货膨胀资产贬值；已婚女性没有安全感，因为老公最近频频加班很少回家；刚刚升职的名企高层没有安全感，因为儿子小升初需要学区房；手机联了网的人都没安全感，因为网络里每个信息都在传递着"你还不够好"。

根据《2017年中国青年睡眠系数白皮书》的数据统计，在调查1.8亿网友近90天的行为轨迹后推算，2017年，中国失眠人群比例高达24%，这也意味着每四个中国人就有一个人失眠，其中13～35岁的人群失眠比例不断上升，失眠人群正加速年轻化。

世界卫生组织（WHO）数据显示，全球有超过3.5亿人罹患抑郁

症，近十年患者增速约 18%。根据估算，截至目前中国患抑郁人数逾
9500 万。

3 亿多中国人睡不着，近 1 亿中国人已经抑郁。

如果去采访他们，答案很可能是：我没有安全感。

安全感是什么？渴望稳定、安全的心理需求。

安全感属于个人内在精神需求，是对可能出现的身体或心理危险
或风险的预感，以及个体在应对危机时的有力／无力感，主要表现为
确定感和可控感。

按道理说，我们的经济发展水平相比过去已经有了明显的提升，
全民的物质生活有了极大的改善，为什么却如此缺乏安全感呢？

答案是一个字——变。

我们处在一个高速发展变化的时代，无论是居住地、工作，还是
社交、婚恋，无时无刻不在发生变化。

1978 年改革开放以前，中国人很少迁徙，大多数人一辈子都住在
一个小城镇，邻居、亲戚、朋友都认识。可是城市化进程开始后，大
量的人口进入大城市，这是一次陌生的冒险。在深圳，很多人两年
就会跳槽 次，每 年就要搬家 次，再也没有固定的邻居、朋友、
同事。

而我们的婚姻制度，也面临着巨大的危机。2019 年中国结婚登记
947.1 万对，离婚登记 415.4 万对。

曾经一生一世一双人，现在变成结三对离一对。

人类的安全感来自可控，可是我们可控的确实越来越少了，激烈的职场竞争，快速的社会发展，还有脆弱的婚姻。

与此同时，我们看到另外一组数据：2018 年中国游戏用户总数攀升至 6.26 亿，中国游戏市场收入较 10 年前增长近 10 倍，高达 2144.4 亿元。6 亿人在游戏里寻找掌控感。

可是游戏之外呢，要去哪里寻找安全感？房子？物质？真爱？努力变优秀？

很多人都说，安全感的来源是自己，但没讲明白，具体是哪些部分。

安全感按照十分来算，七分靠自己，三分靠他人。在靠自己的七分里，七分是物质，三分是成长。三分的他人指的是亲情、友情、爱情，其中亲情、友情占三分，而爱情（恋爱、婚姻）占了七分。

成年人的世界，重心是异性关系，其次是原生家庭和社会友谊。可是对于关系的依赖和倚重，最多也不过三分，因为每个人都有其背负的压力，如果你的安全感靠对方给予，难免不堪重负。

这就是为什么很多女孩想要男朋友给她安全感，最终大都失望。因为爱你的男孩也要工作加班、应付客户老板，他也有受挫无助的时候，他也想有个人安慰、理解、保护，而不是一直面对一个没有长大

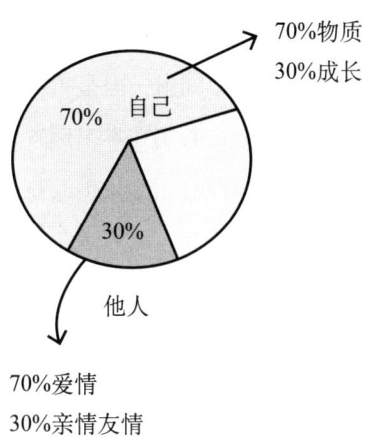

70%物质
30%成长

自己

70%

30%

他人

70%爱情
30%亲情友情

的女朋友。

　　作为女性，不要把男性当作超人，他们其实也是社会中疲惫的一分子，他们也想得到应有的支援，当女性意识到这一点，就会多一分宽容、理解、成熟。

　　男性在感情里需要的安全感，是有一个无论他过得是好是坏都对他不离不弃的恋人，不一定需要她做什么，只需要一个拥抱和安静的陪伴，理解他的不容易，而不是撒泼任性。

　　认识到这一点，可能会更懂得两性关系的长久经营。

　　安全感里最重要的七分，都是靠自己得来的。

　　一份工作养活自己，一个技能安身立命，稳定的收入、现金流、存款，最好有一个不动产。你要相信我，这些比什么都踏实。

这些道理，很多男性都早早知道，但是很少有女性清晰认识。她们每次抱怨没有安全感的时候，其实在本末倒置，根本没有放心思在自己的工作和事业经营上，也没有用心去提高收入，以为找到一个男朋友就万事大吉等着结婚，殊不知，这样做是把自己的安全感交给了别人。

任何安置于关系上的安全感，都是沙石城堡。

建立于能力和资源上的安全感，才固若金汤。

人和关系多变，脑子里的知识和手上的技能才是你永远的命根子。

在靠自己的安全感里，还有三分叫作成长。

拥有工作、物质、存款就有安全感了吗？时代永远在变化中，跟着变化前进，更新自己，通过学习不断成长，才能在"变"中应"万变"。

唯有知识、教育、成长才是深深植入你大脑的资产，不会变化，产生不会贬值的安全感。

我每天都会开辟出两个小时，阅读、学习、思考，这是数年的习惯。

你要的安全感到底是什么？不是查男友手机，不是打电子游戏，不是刷手机抱怨，不是跟风混圈子。

是三分交给他人和关系，七分握在自己手里，工作和事业稳步前进，学习和成长不断更新。

灵魂若有栖息的地方，那是你的双手和大脑。

全民都缺爱

不知道从什么时候开始，"缺爱"成为一种全民通病。

叛逆青少年缺爱，大姑娘小伙子缺爱，已婚妇女缺爱，中年男人缺爱，老年人也孤独缺爱。

成年人都变成了嗷嗷待哺的婴儿，身心陷入饥荒。

这种匮乏感被商人看到，应用到市场中。社交软件泛滥，打车、直播、短视频 App，无论做什么都跟交朋友聊天扯上关系。在茫茫网络中寻找爱就像饮海水，越饮越渴，越渴越要。

缺爱也制造了焦虑。你为什么没有人爱，因为你不够优秀。只要够优秀了，就有足够的爱。健身、瑜伽、外语、考证，大家果然都越来越优秀了。但是有爱了吗？好像没找到解药，只有高处不胜寒。

缺爱，到底缺的是什么？什么时候形成的？

心理学一直强调母婴连接、亲密关系、儿童成长环境。

母婴连接是指母亲和婴儿间的情感纽带，它取决于一些因素，包括母婴躯体接触、婴儿的行为和母亲的情绪反应。

也就是说，一个人出生后，他跟母亲的接触、互动就是他对这个世界的基础印象，也是烙印。一个婴儿如果出生八个月以内，饿了有奶喝，睡醒了第一时间有人抱，抚养人一直呈现平和、稳定、积极的情绪，他在生命之初，就带着满满的安全感和爱。

国内心理咨询师武志红说过，我们 90% 的爱与痛，都和一个基本事实有关：大多数成年人，心理水平是婴儿。这样的成年人，是巨婴。

武志红认为，我们发展了很复杂的行为，对权力、名声、成就与物质等的需求可以涨到很高，对物质和爱的索取，它们常常是一种防御，是在婴儿时期没被满足的两种原始的、简单的愿望转化出来的。一个愿望是——抱抱我；一个愿望是——看着我。

婴儿时期缺爱，会影响到成年时期，甚至终身。

动态发伤感语句的人，就是在说"抱抱我"。

用自拍刷屏的人，就是在说"看看我"。

他们有可能在生命之初，就经历了无人回应。

如果追溯童年的成长环境，变量就更多了。

很多人对于童年的回忆，不一定是物质的匮乏，而是情感的漠视。

为生计忙碌的上一辈父母，信奉的是"批评教育""挫折教育"，加上重男轻女的观念，是疏于向儿童表达情感的。父母大多关心孩子的吃喝拉撒、衣食住行，但很少去关注孩子成长过程中的自尊心水平和情感需求。尊重、关注、理解，加上肢体上的拥抱、言语上的鼓励，是少之又少的。

有一个来访者告诉我，从小到大母亲都在批评他这里不好那里不好，骂他笨，以后一辈子没出息。如今他都三十多岁了，依然活在自卑中，很难交到女朋友，因为一交往女性，总觉得对方会嫌弃他。

还有一个来访者告诉我，她进入青春期后有一段时间爱打扮，但是父母从来不给她买新衣服，怕她因为爱美耽误学习，于是她整个花季都穿着灰突突的校服，一学期都没有换过，同学们都开始嘲笑她了。这个姑娘长大之后挣了钱买再多衣服都感觉自己还是那个丑小鸭，一直低人一等。

没有被父母好好爱过的人，总是带着"坑洞"的。

对自己总是不满意，没有自信，没有安全感，期待有人爱，期待被人接纳。一旦爱上就很依赖，自己却总是怀疑，跟别人交往总是浅尝辄止，担心对方最后不会爱自己。一旦发生矛盾就给感情宣告死刑，远远逃离，不给对方任何机会，骄傲却孤单地活着。

这就是"缺爱综合征"，这个病症的根本原因就是——你，不相信自己值得被爱。没有被爱过的你，也不知道怎么爱自己、爱别人。

认识—接近—了解—相爱—纠缠—分手—逃离，这是"缺爱综合征"的恋爱轮回。

为什么呢？因为这样的人一旦陷入爱情，就退行进入婴儿时期，期待爱人像母亲一样无条件地包容关爱他，而并不像成年人一样自信、平和、付出、给对方空间。情感中任何一点小瑕疵，就让他自动进入被打击斥责的童年、青少年，没有自信解决问题，认为没人爱自己，然后用最快的速度逃离，避免面对结局。

那"缺爱综合征"还有救吗？

心理学有一种说法，就是你得变成一个大人，回到过去，抱抱那个曾经是婴儿的自己，用你现在的力量，去治愈曾经的你。

不能一直用原生家庭的创伤回避成长，也不能一直把责任推给父母，因为他们跟你一样，或者经历过比你更糟糕的童年。没有得到过爱的人，也无法给童年的你正常的爱。而你长大了，有能力了，有成熟的认知了，你可以治愈自己，你也可以反哺给他们爱。

毕竟，爱，谁都需要啊！

你不必等待谁救赎你、治愈你，你自己可以变成爱的源泉。

三十立不立

有一种焦虑叫作"三十岁恐慌"。

三十岁好像是一场大限一样，没结婚的把相亲提上日程，没买房的开始留意房产中介公司，没存款的更是开始否定自己，怀疑人生。看着曾经的同学儿女双全，自己还在大城市租房领着微薄的月薪。看着发小已经创业小有所成，自己一个月除了房贷月供所剩无几。

我们总觉得，如果三十岁一无所有，就是 loser（失败者）。

我们在这场人生的马拉松中，前顾后盼，看看落在后面的人，得到一些优越感；望望前面领先的选手，便难掩落寞和焦虑。

我们习惯在比较中寻找自己在这个世界上的意义。

古人说的"三十而立"一直被现代人曲解。

这句话是孔子对自己在 30 岁时所达到人生状态的自我评价。而

"立"字并不是成家立业的意思，而是 30 岁的人应该能依靠自己的本领独立承担自己应承担的责任，确定自己的人生目标与发展方向。

也就是说，30 岁，其实是一个开始，一个成年人开始知道自己要做什么、要去哪个方向。

0 岁出生，1 岁学步，3 岁牙牙学语，然后步入幼儿园、学校，十几二十多岁毕业，头脑中都是家长和学校教的东西，开始在社会中摸爬滚打，左右碰壁。有时候得意，有时候吃亏，无论生活阅历还是感情经历，都是满满的体验，有成功，有失败，也有创伤。

这样，我们到了 30 岁。有些人小有成就，有些人只是带着一身伤。

那一刻我们似乎更加切实地体会到了世界是什么，社会是什么，自己是什么。

三十而立，更像一个懵懂青年真正站起来了。他把曾经家庭、学校、社会灌输给他的东西，在几年的历练中，拿掉了一些无用的，剩下一些真正实用的，形成了一个独立思考的人格。

30 岁那年，知道了自己要什么，开始为自己出发。

曾经听过一句话，中国人是最着急的民族，十几岁还不知道真正想做什么的时候填大学志愿报考专业，二十出头还不知道自己是谁的时候就要选择终身伴侣。而这些决定，有一部分甚至是别人替他们做的主。

"这不是我要的生活。"作为一名咨询师，我经常听到这样的话。

于是我就回答："你想要的生活，如果现在开始，还来得及。"

大部分人都摇摇头，说，你不懂，太多束缚，来自父母，来自家庭，来自爱人孩子。

二十多岁做的选择，就像镣铐，套住了三十岁的梦想。

如果让我给一条建议，应该是，20～30岁这十年，请尽情地尝试和体验，不要着急做决定。

等一个人人格和思想立起来，心智成熟的时候，他才能知道自己要什么，然后充分地全力以赴。

齐白石30岁还是个木匠，还没开始作画，村上春树30岁才开始写作，苏洵48岁才考上进士。中国城市居民平均寿命逼近80岁，我们这一代人活到百岁也许是很寻常的事情。30岁的你，就想匆匆忙忙把任务卡刷完？余生漫长，你急什么。

20～30岁闯荡和尝试，30岁立一个真正热爱、愿意一生追随的目标，30～40岁持续努力，40岁以后慢慢收获，50岁厚积薄发，60～70再谈成功失败，一切都来得及。

那到底该立什么目标呢？

答案只有一个：内心真正热爱。

没有一份与兴趣结合的事业，是一生最遗憾的事情。单单为了金钱而没有这份热情，任何人也做不到几十年持续努力毫不懈怠。

努力来源于兴趣，经历的是过程，而最后收获的名利只是赠品。赠品多倍儿开心；没赠品，这一生也未曾浪费和后悔。

还会有人问，怎么知道自己喜欢什么？

在过往的学习和工作中，你感到最有满足感的 1～3 个经验，也许你的目标和梦想，就藏在那里。

人生不应该慌里慌张地完成试题草草交卷，它应该是一支悠长美妙的舞曲，无论三十、四十，还是五十、六十，你都有理由、有时间，用自己的节奏感受这个过程。

岁月很美，莫慌张，且徐行。

优秀焦虑症

优秀才能自信，优秀才能强大，优秀才有人爱。

这个时代充斥着一种"优秀焦虑症"，各种健身班、瑜伽课、培训课，凌晨加班灯火通明的写字楼，抖音里生活精致的都市男女，大家活得越来越独立、越来越优秀，也越来越孤独。

不管是爱情里的分离，职场里的挫败，朋友圈的疏远，人们不约而同地归结为"不够优秀"，潜台词是：我只有变优秀了才有更多选择权、话语权、存在感。

腹肌、马甲线不晒一个都对不起前任；不管出不出国，雅思、托福先考一个；填充、微整、纹绣、半永久……最好做到不动声色地变美。

优秀的定义到底是什么？变美、变瘦、变得有钱又有趣？被很多人喜欢？

　　这样优秀的背后，依然是自卑。小时候没有花裙子穿的小女孩，长大拥有再大的衣柜，内心还是有匮乏感。豪车名表一应俱全的男人，还是在追逐更大的成功，随时能约到网红脸，却再也遇不到心动的姑娘了。

　　这样的优秀，依然是纸老虎。

　　这不励志也不快乐，**这是一种焦虑症，缺的不是优秀的硬件，而是内心深处对自己的接纳。没有一个从容不迫的当下，只有不停紧追的未来。**

　　中国上一代父母大多是"挫折教育""打击教育"的践行者，跟孩子表达感情、支持鼓励和赞美往往意味着纵容和溺爱，而跟别人比较，否定孩子的天性，立规矩、讲道理才是教育孩子该有的样子。

　　这样的教育方式养出的一代人永远活在"你看看别人家孩子"的阴影中，就算考了 95 分，依然活在跟 100 分的比较中。心想：为什么爸爸妈妈很少说爱我，可能是因为我不够优秀吧。

　　长大成年到了社会，这个"别人家的孩子"就变成了公司同事、大学同学、闺蜜、朋友圈的某一位、网络上的大多数。

　　很少人听到、感受过　句话："你现在很不错啊。"

　　很少人能发自内心地接纳、喜欢此刻的自己。

　　似乎对自己认可便意味着不思进取和不求上进。

　　没有被肯定过，没有感受到被爱，所以总认为这些感觉，只有优秀了才配得上。

我们缺的不是"更优秀",而是缺"爱"。缺一个无条件支持自己、认可自己的人,也许是父母,也许是伴侣,也许是朋友。可放眼四周,哪怕是最亲密的关系,里面也充满了挑剔、比较、指责。

不被爱的人们,被逼到一条不得不变优秀的路上。

从家庭到学校、到社会,都充斥着一股励志味儿,自律、努力、拼命,做更好的自己。

商业广告也在利用这一种情绪,今天不健身了你就是废柴了,要追到女神一定要买这个档次的车,包包、彩妆、护肤、私服定制才能做女王。对身材格外苛刻,对贫穷分外刻薄,对现在的自己格外挑剔。

这样的优秀,真的快乐吗?

我们可不可以宽容一些,允许偶尔的懒惰,允许小肚子的肉肉儿,允许不那么富裕,允许衰老,允许失败和不完美。允许这样的自己也值得被爱,允许家里普通的小孩和普通的伴侣值得被你爱。

不接纳自己的人,很难获得真正的快乐。不管变得多优秀,依然会惴惴惶恐被别人看到自己的弱点,依然会担心被更优秀的人踩下去,更担心:已经这么优秀了,若是还没有得到想要的爱,那该怎么办?

每一只小懒猫,每一朵蒲公英,每一株狗尾草,在这世上都有意义，都有价值，何况生而为人的你？如果我们学着接纳自己和别人，多一些肯定、宽容、赞美，这个世界不会精致完美，但一定更值得来一遭。

我们更愿意看到坦然面对生活，顺其自然努力，全心爱自己和身边人的你；而不要跟一个优秀的赶路人在一起，拼命去寻找自己值得被爱的证据。

人是因为被爱着，所以觉得优秀；
而不是变得优秀了，才值得被爱。
爱比优秀重要，爱己、爱人、爱自然、爱万物。
重新定义优秀：自然地努力，悠然地生活，释放能量，发挥潜力，成为你自己。

观点：你真的敢躺平吗？

　　幸福的开始就是不死磕幸福，犹豫要不要躺平可以半躺试试。

半躺主义者

励志主义是拼了命奔跑，躺平主义是无目的散步，而**半躺主义，是自我调节的姿势和节奏。**

什么是励志主义？它的标签是"自律、拼搏、奋斗"。

这一人生信条下的年轻人都咬紧牙关，勤恳努力，都树立了远大目标。做人生赢家、做女王、做最优秀的自己，是励志主义常见的口号。早起，跑步，健身，考证，背单词，考雅思托福，考研，瘦身变美脱胎换骨，这样的励志榜样网络上比比皆是，在他们的对比下，普通人个个吃喝等死形同废柴。

另一派是躺平主义，他们的标签是"无欲、知足、随缘"。

躺平主义常用语句：都行、可以、随它去、没关系……怎么都行，不大走心，看淡一切。他们对工作无甚追求，但求无过，也无社交欲望，喜欢宅居、宁静、独处，人生目标跟淘宝购物车一样都为零。

励志主义和躺平主义如同水火两极，分别代表了现代高压社会下人们的两种选择：励志主义顺应社会规则，为取得成功打鸡血努力；躺平主义则是不作为，没有理想，只想吃好玩好。

励志主义看似积极，对自己要求过高，生活发条拧得太紧，一旦人的坚持到达极限，就容易出现崩溃。崩溃后的励志主义就会对自己不满、自责，乃至全面瘫痪，出现抑郁焦虑。

而躺平主义长期的不作为，压抑了人的本性和欲望，本质上是对人生命题的逃避。离群索居，社交恐惧，情感封闭，生活越来越丧，陷入颓废和迷茫。

你是哪一种？你是否也在一段时间内坚持过励志主义？是什么原因没有坚持下去？你是否也陷入了躺平主义的迷茫？该如何打破这两种生活的魔咒呢？

这里我们就要了解人的动机来源——内驱力和外驱力。

心理学认为，人做事并坚持下去的动力，来源于两种力量的驱使——由内的和由外的，我们称为内驱力和外驱力。内驱力是由内而外地驱动自身去学习、工作，认真对待事情；而外驱力则相反，需要由外部因素带动自身运转，如在工作中的绩效激励。

通俗一点说，内驱力是发自内心的兴趣和热爱，外驱力是外界的认可和奖赏。外驱力是输血，内驱力就是造血。有目标能坚持成功的人更多的是靠自己造血，而不是靠别人输血。

励志主义难以坚持，主要是很多人树立的目标都是迎合外界，而并非自己内心所爱，全凭外驱力，而无内驱力。目标很多都是瘦、美、帅、有钱、优秀，但其中做的事有几件是自己内心真正喜爱的？有多少人真的享受过程？苦苦坚持只为达成目标。

励志主义的赛道上挤满了人，用同一种规则比同一种赛，大家拼命奔跑，而人和人之间的区别，比老鹰和河马的区别有过之无不及。我们需要找到自己的赛道。

躺平主义从根本上扼杀了内驱力，一个毫无热爱的人，只想吃喝玩乐，得过且过，这样的日子，已经没有了人的活力和血性。这是一场无目的的散步，散到哪里算哪里，失去了规划、理性和目标。

那究竟这一生，该怎么过？

半躺主义，在躺平的人本主义基础上，激发人的内驱力，是一种新的生活态度。

半躺主义不是奔跑，也不是散步，是在自己的赛道上，悠然舞动生命。它的基本理念是：每天做一点有趣也有益的事情，不彻底躺平，也不过度勉强，只做一点，但坚持下去。

有趣，符合兴趣。有益，有益于自己也有益于社会。每天做一点，坚持最重要。

半躺主义不鼓励拼命，是一种放松、舒展、适度努力的状态。我形容为舞蹈，舞者不仅享受过程，亦悠然到达目的地。

半躺主义一定是在前进的，但不是在人挤人的赛道上，而是有自己的舞动速度、自己的生活法则。

半躺主义的习惯有益于自己，可能是正业，也可能是副业，哪怕是一个简单的兴趣，因为有益于社会，长期坚持必然能获得或多或少的回报，这是外驱力的奖赏，更促使他们长期做好这一件事。

半躺主义不是物质追求的极致，但也有合理的物欲和生活享受，获得生活回报，享受平衡和自然。

半躺人可能默默在学一门外语，但不逼迫自己速成或者在众人面前炫耀，他们只是一天坚持看一集无字幕美剧，顺便记几个单词，直到两年后的某天，发现出国旅行可以跟当地人日常交流。

半躺人喜欢钓鱼，于是组织了一个户外钓鱼群，经常促成一些活动，久而久之，大家信赖他，于是做一些渔具的团购项目，竟不断扩大直到开了一家网上小店。

半躺人爱好写作，于是先找了一份报社助理的工作，虽然工资不高，但是可以学到很多东西，慢慢点燃了自己热爱新闻传媒的梦想，这份动力促使她考上了新闻学的研究生。

这些半躺主义的生活，有两个共同点，首先没有放弃自己的兴趣，不是目标导向的努力，而是兴趣导向的追求；其次他们从容、徐徐努力但不拼命，不间断地坚持变成了一种享受。

励志者采访这些半躺人：你为什么能坚持这么久努力？他们不解地笑答：我根本没有努力，这是我的生活而已。

躺平族问半躺人：怎么做到做喜欢的事还能赚到钱？半躺人又笑答：只要对社会有用就有需求，赚点小钱很开心。

在半躺主义看来，这世上没什么努力，只有重复自己的热爱，在自己的赛道上不用比较，舞动生命，结果随缘。

这种舞动，不是励志主义朝着世俗意义成功的奔跑，而是自己选择的生命律动；

这种随缘，不是躺平不作为的随缘，而是享受过程的快乐、对最后得失的淡然。

我们的生命应翩然自在，每一天都享受过程，赋予意义。

这就是——半躺主义。

跟自己的情绪多待一会儿

人类痛苦的来源，就是妄图消灭一个痛苦。

　　晨曦，我好烦，我妈妈总是逼我做一些我不想做的事情

　　晨曦，我好痛苦，跟家里那口子完全无法沟通，动不动就
吵架。

　　晨曦，我好焦虑，担心工作干不好会失业没有饭碗。

　　我的工作就是每天跟人类的烦恼打交道。心理咨询师，也可以叫
"情绪垃圾桶"，人际冲突、家庭矛盾、工作压力、情感困惑等等，都
可以来找我咨询。当年初出茅庐做新人咨询师的时候，总是试图尽快
找出一个解决方案或结论给来访者，想快点帮到对方，结束他／她的
烦恼状态。现在想来，这样是非常不成熟的。

现在，我经常会说一句话："跟你的情绪多待一会儿。"

每次情绪出现冲突或痛苦的时候，正是我们好好审视自己、了解自己、整合矛盾、寻找内在支撑力的时候。而很多人却放弃了这种机会，试图通过逃避或者求助的方式，失去这一次让自己成长的机会。

自己细细品味这烦恼的来源，不断深挖下去，直到触碰到内核。

比如母亲催促逼婚，你的郁闷也许是对自己不够独立，无法摆脱依赖，对自身能力的不满，而不是试图说服改变她或者逃避。

比如无法跟伴侣沟通总是吵架，你的痛苦也许是源自从未敞开心扉面对自己和伴侣的真实需求，夫妻十几年都是角色扮演，从未交心。

比如对失业危机的焦虑，是你童年时候一直没得到周全保障，所以对未来习得性担忧；或是你觉得自己应该习得一门稳定的技术，却迟迟没有动力行动。

情绪的源头一般都是对自己本身的不满意、不认同、不一致。

并不是外界发生的事情多么糟心，也许有客观因素，但改变的契机一定是自身的力量。没有意识到这一点的人，就会控制不住用更消极的语言行为与外界对抗，或者逃匿于酒精、游戏等习惯。

何不耐心跟自己的情绪多待一会儿，而不是急着抗拒，摆脱，逃避，求助。

每个人都天生是自己的心理咨询师，每个人也有天然的能力，从痛苦中生长出力量，从孤独中寻找到支撑。

跟情绪多相处，才能从抱怨、无助、迷茫中，自己找出泅渡的一条生路。

就像落水的人，在扑腾中学会了游泳。

有朋友会问，要是我一直跟它待着，但是找不到路怎么办？

那我们可不可以允许这些乌云在心境的天空待一会儿，承认那些唠叨、争吵、痛苦是生活本身的一部分，不去驱赶也不去抗拒。

人总是不明白，这一生，本就不是追求幸福，而是跟所有感受掺杂在一起，体味百般滋味。

不允许痛苦和烦恼的存在，本身又变成了新的痛苦。

又有人问，凡夫俗子，怎么可能如此开悟，连痛苦都忍得了。

我说，试一试，第一次跟痛苦相处一下，也许就是修行的开始。

成熟的人格有两个关键词：第一个是接纳，接纳完整的自己，好和不好，过去的一切，现在的状态；第二个就是允许，允许一切发生，比如孩子可能就是成绩平平的，伴侣就是普通人，也允许改变和意外的发生。

通过接纳、允许，你会发现生活中曾经定义为问题的事情，只是主观评判带来的偏见。生活的真相一直都是平和、温柔，无对错好坏，急着下判断，会造成猛药误用，过度干预，反而引向了愈加糟糕的后果。

比如孩子刚上一年级，作业完成得不积极，需要一段入学适应期。如果家长略平和一些，不过度焦虑，不把负面情绪加诸孩子，耐心鼓励孩子，给予积极信念，也许孩子自然就掌握了学习规律，渐渐适应就能完成作业。但是家长因为担心落后，开始对孩子监督、批评、纠正，导致本来挺喜欢小学新生活的孩子产生了逆反情绪对抗学业。

一旦接受了"生活中发生的都是自然的现象，我们要跟随它们，不评判，喜悦平和地往前就好"这个想法，你会发现你眼中没有"问题"，都是"生活本身"。

有了接纳和允许，人格就不再僵化，而是柔软圆熟，随着生命律动。

当你允许了一切发生，也允许了这些情绪，这就是一种解决办法。

允许了妈妈的唠叨，不为扰动，变得更加沉稳、更加独立，让她都意外地坚定。

允许伴侣的争辩，不急着争回去，而是抱持她的情绪，让她感受到你的成熟，从而渐渐平静下来，可以在平和情绪中互相沟通达成新的和谐。

允许失业的发生，正好是一次机会，触底反弹向死而生，摆脱固有的体制，去学习你感兴趣的技能，去尝试创业，去面对。

原来，跟情绪好好相处，允许对方和自己的情绪，就已经是神奇的魔力。

情绪的波动就是生命的律动，每一次感受和体悟，就是生命的成长。

跟自己的情绪多待一会儿，直到发现未曾了解的自己。

你敢断舍离吗？

　　我是一个喜欢扔东西的人，一直认为，这是我人生中最好的习惯。

　　一年穿不了几次的衣服，用了很久的老物件，手机里的闲置App，渐行渐远的社交关系，味同鸡肋的感情，甚至一个杯底的标签，我都想要立即撕掉丢进垃圾桶。潜意识告诉我，人生随时都需要清理。

　　我有个闺蜜喜欢买口红，各大品牌的经典色、新款色、当季色，应有尽有。她有个大收纳柜，专门放口红。第一次去她家看到这一柜子口红，我有点惊诧，问她：这么多，简直够用到一百岁。她笑我，女人怎么可以缺少口红。我说，我是个只有三支口红的女人，正红艳丽，日常暖红，还有一只浅色。听我说完，她比我还诧异，三支怎么够用！

我说，用得差不多了再买喜欢的，但我不允许自己收集那么多，一担心过期，二容易浪费。

也遇见过一些囤积狂的朋友，他们总想着，这件衣服也许有一天要用上，这个东西我舍不得，那个物件我丢不了。不更新的衣柜，囤满旧物的居所，就如同一个人的内心，挤得满满当当，这样什么都舍不得丢掉的状态拖着一个人，他永远被攥在过去里。

还有一些跟前任总是藕断丝连的人，他们无法和好如初，也不相忘于江湖，留在微信里时不时点赞、寒暄、暧昧，深夜掀起心头涟漪，久久不能平复。

有个女孩在微博中咨询我，分手两年的前任忽然重新加她微信，她不知道该怎么处理？

我问她："在他出现之前，你过得怎么样？"

女孩回答："蛮平静的，正好在考单位职称，有点忙碌。看到他添加微信的请求，那天想了很多过去的事情，毕竟有五年恋爱的回忆。"

我继续问女孩："你想跟他复合吗？"

女孩说："不想，我们在一起不合适，分手的时候也蛮痛苦的，不想再回去了。"

"那这两天你工作学习的状态怎么样？"

"不是很好，脑子里老想着这件事。"

"如果你加回他的微信，这种状态会持续还是消失？"

"晨曦老师，我忽然明白了，我知道该怎么做了。"

已经进入新生活的人，没必要回头张望。

没有未来、没有增进，只有情绪和过去的干扰，哪怕眼下有些不忍，也必须扔掉这双不合脚的旧鞋子，因为除了堆积灰尘，无任何意义。

很多人嘴上说希望生活简单，却很少做个关系的大扫除；心里盼望着新生活，却缠结在过去和回忆里。大脑就像电脑内存，当堆满了陈年旧物，它的运转就会越来越慢，也无法让新鲜的事物和人住进去，效率低、节奏慢，困于心、乱于情。

断舍离，出于日本山下英子所著图书《断舍离》，意思是把那些"不必需、不合适、令人不舒适"的东西统统断绝、舍弃，并切断对它们的眷恋。

断——斩断物欲，舍——舍弃废物，离——脱离执念。

《断舍离》其实是一本收纳整理的书，但更是一种做减法背后的人生哲学：学会取舍和放弃。

心和衣柜一样，不舍弃，便难有新内容。越是对过去依赖太多，越难跨越进入新的生活。

这是个物质充裕、信息爆炸、诱惑满满的时代。商家都跟你说这个口红必须买，那个包不买要后悔；社交网络一个动态可能有一堆陌生人点赞打招呼；一个人稍不留意，手机里就可能多了一个垃圾软件，朋友圈就多了一个卖东西的生意人，感情世界里就多了一个聊胜于无的暧昧。整日疲惫又忙碌，却空无所得。

物质上进入消费主义的陷阱，情感中做不到取舍和甄选。世界看起来像一个无限可能性的游乐场，而迷失已经成为常态。

我们真的需要这么多吗？

这是个需要做减法的时代，太多选择，意味着没有选择。再不做减法，你的人生可能就要运行速度减慢甚至关机重启了。

不是什么紧俏商品都必须买，不是什么地方都要打卡照相，不是每个人都值得交往，也不是每段过去都要紧抓不放。

个人所需、精简优质、专注有效，以这三个标准去做断舍离的减法，无论是居所、工作、社交、情感，都适用。

个人所需，而不是商家制造的需求焦虑和必须买的噱头。无论旁人多追捧，也时刻保持头脑的清醒判断。大众的购买欲多数时候追求的是快感，而不是真实需要。

精简优质，选择能负担的价格中最优质的而不是最多的。如今一平方米的房价那么昂贵，进入私人生活的每一样物品要精挑细选，最后留下少量。

专注有效，普通人的成功，不过是终其一生做好一两件事即可。"一个人围着一件事转，最后全世界都可能围着你转；一个人围着全世界转，最后全世界都可能会抛弃你。"

人生不是无限地追求、占有、扩张，而是加法之后做减法，达到最好的状态：有限的拥有，妥帖的合适，最大努力地经营美好。

每个人刚出发的时候，都是高高兴兴背着空背囊，后来背囊里越装越多，快乐没有增加，却成了负担。头脑中的智慧、双手操作的技能、体验过的记忆，这是无论发生什么都从背囊里拿不走的东西。而其余外物，并不是全部都需要。心和背囊一样，不放下，何谈轻装上阵。

想一想你现在的烦恼、困惑、瓶颈，是不是因为背囊太重，而无法继续前行呢？

衣柜里的衣服是不是该腾出空间了，购物车里的东西是不是真的必要，消耗时间精力的关系是不是需要冷置或隔离，是不是更应该让自己独处专注、积累能力。告别一些不同步的人，才能遇到新伙伴。

清一清欲望，减一减负担，理一理心情，断舍离的人，才有未来。

人生不死磕

人生三大死磕：渴望幸福的原生家庭，找个好男人 / 好女人，我是不是不正常。

- 第一个死磕：我现在不幸福是因为原生家庭，如果出生在一个幸福的家庭，我的人生就不会是现在这样。
- 第二个死磕：我现在不幸福是因为没有遇到好男人 / 好女人，找到那个对的人就好了，TA 一定在未来等着我。
- 第三个死磕：我现在这么做、我喜欢这样的人、我有这样的爱好，是不是不正常？该怎么样才算正常？

为什么说是死磕呢？因为把失败归于一个无法改变的过去（原生家庭），把幸福交给一个无法预知的恋人（好男人 / 好女人），把多样的人性套用无法定论的标准尺去量（何谓正常人）。

第一个死磕，责怪自己的原生家庭。

我做过很多关于原生家庭疗愈的心理咨询个案，最后发现"80后""90后"，包括"00后"，其实很少有人拥有理想的幸福原生家庭，大部分人都出生成长在一个不完美、缺憾诸多的家庭中。中国父母的养育方式存在两极化特征，要么冷漠忽视不关心，要么控制欲过强，求全责备；奉行"挫折教育"，动不动拿自己家孩子与别人家孩子的比较；情绪不稳定，夫妻多年感情不和、争执矛盾等。当我们说起幸福的原生家庭时，现实中是很少的。

不幸福的原生家庭才是常态，每个小孩的成长，都像被咬过一口的苹果，带着伤痛和遗憾。

多年来，中国的心理咨询很多流派也多把现实问题原因推给了原生家庭。大家习惯了反复在童年创伤中做文章，拥抱来访者的内在小孩，以求达到与过去的创伤和解，继而获得心灵的重生。

但，这样的咨询，真的会赋予受伤者前行的勇气吗？原生家庭的痛，是每个人都会经历的，我们从母体子宫一出生，就意味着不再是一个纯净空间，世界就是无法满足一个婴儿全部的需求，童年每个阶段的成长也不可能都被父母关注，多子女家庭也注定存在着竞争和偏爱。

我们回望过去，只需要给自己找到一个解释，但充分疗愈是不可能的，更不能把眼下不能解决的问题都推给"原生家庭不幸福"。

接受这个现实：没有几个人原生家庭幸福，大家都是带着伤往前走，区别在于有人对着伤口反复揭开，感叹哀伤；有人收起了软弱，寻找力量和希望，眼光投向未来。

过去发生什么不再重要，未来想过成什么样才是需要思考的。

我经常会问来访者："五年后你想拥有什么样的人生？"这时候，他们会陷入思考，这样的思索便是重新给人生定位，重新赋予自己生命意义，不再对过去耿耿于怀，而是汲汲向未来探求光芒。

不再死磕"幸福的原生家庭"，跟过去及时告别，去奔赴下一个生命据点。

第二个死磕，好男人 / 好女人在哪里？

这个人不爱你，找个爱你的人。

真正爱你的人具备哪些特征？

一招教你吸引到好男人。

放手吧，对的人不会让你受伤。

一定有个好男人 / 好女人在不远的未来等你。

如果你也听过这样的情感鸡汤，慰藉在爱情危机中的人不要丧失希望，等待某天那个对的人的到来。听起来很受用，喝完只是安慰剂。

爱情里不存在真正的好男人和好女人，只存在各取所需，合作愉快。学会合作，互相满足，才是爱情持续的关键要素。

如果把感情都交给未来那个完美爱人，获得无条件宠爱，那只是巨婴的幻想。就算那样的爱情从天而降，也有可能是互联网包装的"杀猪盘"情感诈骗。

越是迷信"好男人／好女人"，越容易遇见感情骗子，因为这种不劳而获的想法，不努力就坐享其成获得爱，只有骗子才能满足。

在我听到的爱情故事中，也很少存在天生品德、品质、品味出众的好男人／好女人。如果有，也一定是关系本身对他的引导和影响，让这个人愿意如此。好男人是因为遇到了好女人才有了蜕变，好女人是因为身边的男人足够温暖。佳侣总是成双成对出现，巨婴也是，不过后者只会互相抱怨。

如果一个人的确优秀，他的另一半也是人中龙凤；如果爱人对他的付出令人称道，那也是这个人为对方做了巨大的牺牲，只是我们不了解故事的全貌。

你看，这世上，爱情中，从来没有绝对的享受和恩赐。拿你所有的，换你想要的。

正在用心经营生活的人不会去问大师"好男人什么时候来"，因为她已然掌握了人生的主动权，不会原地等待谁给她幸福。

想拥有一段美好恋情，是问自己"我该怎么去爱一个人"，而不是"别人怎么对我才算真爱"。

不再死磕"好男人／好女人",而是自己进化为一个温暖有爱、愿意给予、善于包容的人,然后吸引另一个异性,也许他身上也有缺点,但通过两个凡人了解、磨合、经营,才能打造出一段不凡的爱情。

春种秋收的道理,同样适用爱情。死磕寻找"好男人／好女人",自己却不提升、不改变、不进步,就像一只从不储存谷物的地鼠,到冬天跟别人家借粮食,只会惹来嫌弃,最后徒劳无功。

第三个死磕:怎么才算正常人?

晨曦,我喜欢比我年纪大的异性,我正常吗?

晨曦,我有特殊的性癖好,是不是不正常?

我最近不爱出门不想说话,是不是不正常?

很多人活在总是怀疑自己"是否正常"的迷思中,特别是在感情、性、个人爱好方面。因为越是跟自我相关,越发现不一定与大众趋同,独特、另类、古怪,甚至惊世骇俗。

这些"不正常",该怎么面对?

首先澄清下什么是不正常,这里只有三个参照标准:法律、道德风俗、精神病入院监护标准。

不违法,不违背道德伦理,没有自杀自伤以及伤害他人的风险,没有丧失社会生活功能都算正常。

道德伦理部分，涉及公共场合和私密场所。公共场合不影响他人不破坏风俗，私密场所两个成年人你情我愿，关起房门，不违背法律，都算正常。

限定了边界之后，界限以内的都是人性的个体需求，尊重自己的个性和喜好，不过度，不沉迷，不需要过度压抑，也不需要就医治疗。

喜欢年纪大的异性，就去追求和爱，爱情的发生因人而异，超越了年龄、肤色、人种。

不影响正常工作和社会功能，有收入维持生活，不想社交，喜欢安静，是一个人的自由选择。

接纳自己的不同，允许自己的"不正常"，是身心健康的必要前提。如果一个社会要求大家活得都一样，如"存天理灭人欲"，女性必须裹小脚，才是对人的摧残和戕害。

人性不是用一个方正的框架去限定标准，而是画一个大圆，在法律伦理的边界内，给个体一定的自由。

不犯法，不过度，不沉迷，不违背道德，不影响他人，你的"不正常"，其实"很正常"。

为什么会死磕？根本原因是没有建立自我主体感，不想面对人生议题，不愿寻找力量，回避独立思考，避免承担责任，给所有不顺利、不满意找个合理借口，然后继续做个婴儿，原地踏步。

人生不死磕，就是立足眼下，着眼自身，独立判断，诉诸行动，不偷懒，不逃避，真正从婴儿变成了强者。

接受不幸福的原生家庭，将伤口养成铠甲，去拥抱未来；

主动为关系努力，经营自身，影响伴侣成为更好的人；

拥有自己的价值观和生活哲学，内心强大，勇敢创造。

愿你有不死磕的智慧，不一样的人生。

向幸福说"不"

说人生是幸福的，是最大的谎言。

大部分时候是平静甚至乏味的，点缀着无法避免的痛苦、失去，以及珍珠一样的幸福片刻。

幸福甚至都不是追来的，它是痛苦之后的慰藉，不期而遇的惊喜，我们只能随时准备并期待，但追，是追不到的。

这就是向幸福说不的人生哲学。

叔本华说过，人生就像钟摆，在痛苦和无聊之中摆荡。人在欲望得不到满足时，处于痛苦的一端；得到满足时便处于无聊的一端。

斯科特·派克在《少有人走的路》中开篇便写下："人生苦难重重。这是个伟大的真理，是世界上最伟大的真理之一。它的伟大之处在于，一旦我们领悟了这句话的真谛，就能从苦难中解脱出来。"

人们对于完整、对于幸福的执念，对于缺憾、对于真相的回避，是真正的痛苦之源。

心理治疗中有一种正念疗法，宗旨是自觉、开放、不批判、欣赏当下。

正念思想，可追溯至 2500 年前释迦牟尼佛的教导，万事万物都是生灭变化（无常）的，但人会对本质无常的愉悦感产生习惯性的贪爱、执着，希望其永住，而对不愉悦的感受则产生嗔恨、排斥，希望其快快消失。

因此人类痛苦烦恼的真正根源不是感受本身愉悦与否，而是这种贪嗔反应。如果能去掉这种习性反应，就可从痛苦中彻底解脱。这段话道出了人们负性情绪出现的根源。

我们习惯享受喜乐，而厌恶排斥苦痛。

心境如天空，没有哪种天气常驻，时晴时雨。一直要求幸福就好像在大雨里撒泼的小朋友一样，跟天空索要太阳。当痛苦来临时，应当躲到屋檐下，或者撑把伞。

向幸福说不，就是放弃执着幸福的心态，而对任何感受开放自己的心，对痛苦不躲避，耐心，并寻找出意义。

世俗设置的幸福景象就好像一部洗衣液广告片，有房有车，儿女双全，三代同堂，其乐融融，旁边再趴一只金毛大狗。人性千奇百怪，而幸福模式只有一个，我们都被这个框架框住，用这个标准对照，于是很多人给自己的评判是："我还不够幸福。"

世俗设置的幸福也像一双尺码固定的水晶鞋，每个人都去试穿这双鞋，期盼恰好匹配。可是不合脚是常态，人们却从来不去质疑为什么这鞋尺码如此固定，而不去寻找更合适的鞋，却怪罪自己的脚，甚至把脚磨得出血肿痛也要硬塞进这双看起来代表幸福的水晶鞋。

而我们要反问自己的是，人是否应该追求这样的幸福？人的很多痛苦是不是就来源于一直在找"幸福"。如果现在开始不刻意寻找幸福，而是感受生活，会是什么样？

此刻开始，对幸福说不，此刻开始，欢迎所有感受，包括痛苦。

人生的任何波动，你都愿意面对和承受，感受这起伏上下的心跳和磨砺，感受自己的逐渐成长和强大。不再刻意追什么，只关注当下，认认真真体味。更多地把注意力收回到自身，而不是强求外界的如意。

接纳伴侣不完美，不再强迫修正，关系日趋和谐；接受孩子普普通通，认同他，陪伴他，改善亲子关系；面对失恋分手的现实，在悲伤中知觉自己内心的缺失是童年的遗憾而不是失去了某个人，自我认知更新带来了能量和勇气；承受失业和债务的压力，一点点开始改变现状，甚至突破了潜能，发现一个你都未曾见过的自我。

当你解除了身体的紧张、情绪的焦虑、心态的抵抗，当你如实接纳生活的所有真相，当你在生命的起承转合和高低起伏中，感受所有生命的律动。

不强求幸福，也不逃避痛苦，你，终于自如地活着了。

希望你与幸福相遇，也希望你能拥抱痛苦；

希望你的人生接受任何可能，活出百般滋味。

向幸福说"不"，

向人生说"快哉"。

自洽即自在

有些人每一天都在学习如何宽容别人，却忘记了对自己接纳。

做咨询这些年，我接待过一些来访者，很多人一生都在渴望被别人看见，却很少认认真真自我觉察；很多人倾其所有去爱他人，却对自己分外苛刻；很多人总是在甚至试着原谅伤害过自己的人，却唯独不跟自己和解。他们唯独忘记了自我接纳，也就是自洽。

自洽，原来是爱自己的最高形式。

什么是自洽？看到自己、了解自己、关怀自己，给自己一个拥抱，说一声"你真的不容易""你也很不错""你有努力过""你真的很棒"。

这些话语是我们的文化传统里没有的，东方文化是自谦自省、慎独克己的。好处是反求诸己可以不断提升自我，弊端是过度使用会引起自我厌弃和责备。这就是为什么一些看起来优秀的人不一定内心幸福，也许是焦虑和自卑。

自洽才是幸福的开始，接纳自己，喜欢自己，在这个基础上发展自己。

每个人都得喜欢现在的自己，才会努力追求未来更好的自己。如果对自己持否定拒斥的态度，这样的能量状态很难支撑很久，这就是为什么有些人的自律坚持一段时间就容易崩塌。

对自己说"我挺好的，而且愿意更好"而不是"我很糟，我必须变好起来"。前者是笃定、平稳、积极，后者是怀疑、焦灼、迫切。

坚持的道路需要一份自洽愉悦的情绪，而不是不断自我否定和自我攻击。

自洽是一种什么样的状态？

首先，是一种不拧巴、舒展的气质，他们不一定相貌过人，但眉宇间的淡然、举手间的随意、骨子里的自信，是人工雕琢的美貌难以达到的状态。没有竞争欲的一张脸，大大方方地写着"这就是我，不完美，但就是我"，没想过讨众人喜欢，不屑取悦他人的气场。

正如自然界，牵牛花就做牵牛花，它从不因自己不是牡丹而自卑。而人类社会，所有花都要去比个美丑高低，却失去了自己的美。物化自己的后果，就是没有特色，看不到灵魂。

其次，他们了解自己的优点和缺点，正因为了解，不跟缺点死磕，只是不断发挥自己的优点，直到极致。敢于对缺点自嘲，但丝毫不影响自尊。因为太明确自己擅长什么，只在擅长的领域发力。

一个人会被人记住，一定是某个独到的优点足够闪亮，而不是修正所有缺点后的完美。

再次，自洽的人走在自己选择的个人赛道里，匀速发展自身。

许多人的自卑无力是因为无意中把自己推入"大众赛道"，跟张三比学历、跟李四比身高、跟王五比年终奖，给自己制造了无数假想敌。其实，很少人静下心自己想想，你的人生，有那么多观众吗？你的输赢，有几个人真正在乎？

自洽的人始终只有一个对手，只跟过去的自己比，进一寸有一寸的欢喜。这样的赛道里，步伐也是匀速的，因为发展的道路是个人定制，需要的是时间发酵量变后的质变。他们的自律是内在驱动，不费力地坚持，有目标达成的满足，也有过程中的积极情绪。

最后，自洽的人面对外界的意见是怎样的态度？褒贬兼听，但都只信一半。

这世上所有的赞誉和诽谤，都只是他人视角，如果自我是建立在外界评价上，那只能是忽上忽下的自尊心和忽高忽低的价值感。

学会给外界的声音打折，取平均值供自己吸收改进意见。但没有任何一种声音能决定未来的自己，一切皆有可能。

自洽分不同的程度，也分真自洽和假自洽。

高度自洽的人发展优点，规避缺点；低度自洽的人修正缺点，强求完美。

可是完美一定会被人喜欢吗？心理学有一个"出丑效应"，可能和你的正常认知有些冲突，心理学家曾做过这样一个实验：他给测试对象播放了四段情节类似的访谈录像，而不同之处就在于受访者的表现。从第一段到第四段录像，受访者依次由谈吐不凡变得错误百出。

结果95%的测试对象都喜欢第二位才能突出但又表现不十分完美的人，而对于第一位无可挑剔的受访者，只有很少的人表现出了喜欢。由此可以看出，小小的失误或者瑕疵并不影响大家对一个人的评价，反而能提高人际吸引力。

真自洽的人接受不完美，但在接近完美的过程中享受进步带来的喜悦。

假自洽的人自我欺骗，选择懒惰和停滞、安逸和享乐，以此来逃避人生。

人天生有精力需要每天发挥，如婴儿一睁眼就要好奇摸索；人每天总要做一些什么，这符合人的天性，是健康良性的生存方式。过度劳累让人心力交瘁，什么也不做也容易引起心理疲乏。

适度的勤劳，是对人生的尊重，也是一种智慧。

通过自洽发现自己优点，道路方向对了，慢一点也是进步，在缺点的路上死磕，拼命也是徒劳。

怎样分辨自己是否达到了自洽？

心理学有一种投射效应，指以己度人，把自己的感情、意志、特性投射到外部世界的人、事、物上的一种心理。

人们是如何看待自己的，也会表现为如何对待别人。一个对他人苛刻挑剔的人，内心也是对自己万般不接纳。一个总是善于发现自己优点的人，看到别人第一眼也是先取其优点而不是攻击缺点。一个对自己充满爱的人，也会对世间万物温柔起来。

在他人面前呈现的状态，就是对自己的态度。

不自洽的人，不管看到什么，眼里都是沙子。

自洽的人，容得下自己，也容得下别人。

如果有一天，你发现自己看到每个人都能一眼看到他的优点，也接纳别人的不足，这就是自洽中的改变。

通往自我实现的第一步路，不是获得什么、成为什么人，而是先给当下的自己一个拥抱，对自己说一句："我是个很不错的人，我还可以变得更好。"

自我
&
重塑

Part 4

破碎，黏合，新生

成为自己

人生无可避免的三道题：经济独立、精神自主、面对孤独。

独居时代

人类最深刻、最基本的精神体验，都是发生在内部的，是需要借助孤独与独处的。

——心理学家安东尼·斯托尔

我一个人独自生活了很多年。

把这样的生活定义为：一个人从原生家庭的母细胞脱离出来，在进入其他的身份角色之前，完完全全只属于自己的时光。

当忙碌一天回家，打开居所的门，有人形容为"家中空荡无人等候的寂寞"，我理解为"自由个体的回归"，整个身体灵魂都放松下来，不需要转换另外的面孔，只用最舒服的姿态与自己相处。

有一些朋友咨询婚恋烦恼，他们刚从父母的家庭走出来，或还没完全独立，就迫不及待地想建立家庭，进入另一个小集体生

活。找到有缘人我替他们开心，但也不免遗憾他们步履匆匆提前
进入下一个家庭，来不及跟自己好好相处，来不及跟自己谈一场
恋爱。

独居，就是与自己恋爱。

你最了解自己的洗澡水温度，周末要开哪一瓶红酒，香薰蜡烛是
哪一款，床头的书是不是最近的心头好。哪怕深夜想来一份小龙虾，
也可以尽情享受一番。

你不需要在意他人是否介意，也不需要迎合谁，做自己小小领土
的王。

独居就像一壶酒，有人喝出了苦涩，有人喝到了境界。

根据民政部的数据显示，2018 年我国单身成年人口达 2.4 亿，其
中超过 7700 万成年人是独居状态，预计到 2021 年这个数字将上升到
9200 万。随着单身人群的不断壮大，一人食餐厅兴起，一人份的食
品、饮品也开始走俏。

不要小看这个数字，独居人口变成社会存在寻常化的一部分，人
类走了整整几千年。

原始社会，为了抵御风险获得更多生存机会，人选择部落群居，
一百多人的规模；进入农耕社会父权制，多是家族同居，五世四世同
住，几十个人；工业社会起初三代同堂十人左右，城市化进程加快，
过渡为小家庭居住，也就是目前主流的三口之家、四口之家，三人至
五人，还有两口之家和丁克，是二人。

2012 年以后，中国的互联网和城市服务便捷发展促使形成了第四次居住模式改变，也就是独居。

我们似乎找到了一个规律，纵观人类的发展，是群居规模越来越小的过程，百人到数十人，到几人，到一人，可以理解为群体抱团的分散，也可以理解为个体力量的崛起。

互联网让人类的社交不局限于血缘和地缘，娱乐、互动、交友、恋爱都可以通过手机建立；城市服务，外卖、快递、滴滴、物业、家政，也让一个人生活便利成为可能。

这样的改变让很多人惶恐，认为人情淡薄、自私利己；另外一些人解读为摆脱束缚、自由发展。

传统家庭和人情关系是一张网，前者认为是安全和温暖，后者认为是束缚和控制。

任何一个家庭角色，都不意味着真实的自己。唯有独处，才能让一个人靠近自己的灵魂。

如何充分地享受独居时光呢？

首先是学会利用时间，因为独处少了一些家务琐事和其他人的干扰，有更多专注做事的系统时间，适合发展一些兴趣爱好和副业，有些 soho 一族更是在家中办公，通过电商、短视频等新兴行业在家赚钱，不需要朝九晚五，却能为自己的梦想努力。

其次是学会跟自己相处，重新回归一个人的世界，冥想也行，打坐也罢，生活更多自由度，减少不必要的人情压力，可以随心地生活，自然而又随意。

最后是学着更加独立和能干，降低对他人的依赖和期望，同时少了失望等负面情绪。独居会有很多状况需要处理，小至最基本的清洁打扫，大至房屋漏水维修等问题，解决问题的过程会大大提高一个人的自理能力。

同时，独居需要一个人有管理财务的能力，无形中提升了风险掌控和经济独立。

别的家庭是按角色分工，而独居是一个人包圆。

独居也有克服不了的弊端。

首先是更懒于社交，或者是更懒得应付一些无效社交，跟外界会越来越疏离。一个人放松久了进入社交环境难免不适应。

这个时候要注意每个月给自己安排一些社交和外出活动，与知己好友聚一聚。如果不善言谈，做个很好的倾听者也是不错的社交选择。

如果你有轻微社恐，学会倾听就已经足够应付很多社交场合，而且会给人留下非常不错的印象。

微笑专注望着对方，表示正在用心听；从对方的谈话中找到其表现的优点，感叹赞美一番；如果并没有找到，就转述一遍对方的话语，让他继续说下去。

　　社交场合最受欢迎的不一定是舞台中心的演员，而是懂得做好观众的那一位。

　　其次是习惯了独立生活，单身会更久一点，更难遇到让自己妥协的爱情。

　　这一点我的建议是，人性的本质是趋乐避苦，通往幸福的路有很多条，单身还是婚姻，选择幸福就好。

　　如果遇到不幸福的婚姻和伴侣，还不如一个人自在逍遥。

　　独处不会毁掉一个人，但糟糕的伴侣会毁掉幸福。

　　独居生活到底可不可怕？

　　我曾经问过独居十年以上的两位女性。第一位回答，随着年纪越来越大，孤独感也越来越强，还是希望找个伴侣，生病了有人照顾，有心事了能倾诉。另一位回答，独居十年活得随心所欲，虽然有时也会有些孤独感，但是时间久了开始享受孤独，日子过得自在舒服。如果下半生可以选，依然选择单身居住。

　　于是我发现，对于那些身体健康有问题、内心容易寂寞、经济条件不好、多愁善感的人来说，独居生活真的很可怕。

　　而对丁那些身体健康、精神生活丰富、性格开朗乐观、经济独立的人来说，独居生活更能让他们享受自己的时间。

　　无论是群居还是独居，孤独和死亡是每一个人都无法逃避的命题，有人喜欢与他人一起面对这个题目，有人选择自己练习。有人偏爱喧嚣，有人自处清净。生命的每一寸时光都应自我负责，不该浪费虚度。

　　愿你在独居中，从未停止爱自己。

成为金钱的"好朋友"

一个人对金钱的态度就是他对人生的态度。

写这个话题，是因为我见过一些人，他们太爱钱了，爱到牺牲了自我；我也遇到过另外一些人，他们太不爱钱了，以至整个人生都不想去面对这个议题。

第一类人，他们恶狠狠地宣传"没有钱搞不定的"。

第二类人，他们不在乎地昭告"钱根本不重要"。

金钱的本质是货币交换，遵循原则是等价，这世上很难再找一个比金钱还公平的实体。更多金钱意味着可以交换更多的资源，更少金钱等于选择更少。

金钱很干净，它没有善恶是非，给金钱赋予歧义的是人性。

我更愿意把金钱比作一朵花，花的美毋庸置疑，只是伸向花的手太多欲望或嫉恨，得到的摧毁它，得不到的诋毁它。

人应该早一点学着跟钱处理好关系。

我有个朋友叫小吴，他平生最大志向就是赚大钱。你问他赚了钱做什么，他说回老家盖一栋最高的楼，买一辆豪车给所有老乡看。

小吴18岁辍学就进入社会，为了这个赚大钱的梦想开始拼搏，建筑、医疗、贸易、物流、野生动物等，他涉足过市场上任何能赚到钱的行业，只要当时的法律允许。敢想敢拼的小吴遇到了充满机会的20世纪90年代，也成功地赚到了第一桶金，一直到九位数的身家。小吴果然成功地在老家盖起了最高的楼，买了当时最豪华的车回乡，成功人士小吴登上了他人生的巅峰。

三十出头的小吴当然没有止步，他的目标都实现了，下一个目标是赚更多钱，甚至登上福布斯富豪榜。他其实并不喜欢他从事的行业，他只是热爱金钱滚烫的感觉。小吴可以为了钱去异国他乡两年不见家人，可以不眠不休只为了生意应酬。小吴因为工作去过全球数十个国家，他从来没心思看景色，他只记得这一次出门要谈多少单子。

小吴没什么兴趣爱好，唯一爱好就是去赌场。他像一头猎取金钱的猎豹，但只是享受吞噬猎物那瞬间的快感。"捕猎"之余，小吴没有自己的生活，他闲下来除了赌博几乎没什么可做的事情。

2005年以后生意渐渐不顺利了，加上好赌，小吴最后千金散尽，只剩下一栋老家的楼。还好手上还剩一点小钱，他退出原来的圈子，销声匿迹，买了几亩地，开始做果树培植了。

四十多岁的小吴从头开始做农副业，一开始赚钱不多，但日子比起在生意场上却有意思得多。他终于有时间看看日头怎么走到薄暮，看看果树挂果，听听盛夏蝉鸣。

"原来我错过了那么多为自己而活的时光，为什么当年没想过停下来呢？"身家七位数的小吴感叹道。

瘦死的骆驼比马大，归隐田园的小吴不算落魄。

我还有个朋友，叫小佑。小佑高中毕业就来深圳富士康打工，在苹果手机的流水线工作，一个月到手工资 5500 元。小佑不喜欢流水线的工作，他读书时喜欢武侠修仙小说，高二时成绩落下，后来没考上大学。

小佑很看不上同宿舍的工友为了攒钱抠抠搜搜的样子，他喜欢像乔峰一样呼朋唤友，经常请工友吃饭喝酒。富士康的女孩子一般喜欢找办公室上班的人处对象，而不是同一个流水线的男工友。

"虚荣，毫无灵魂的女人。"小佑很看不起她们。当然，他在富士康三年也没交到女朋友。他习惯去附近的洗头房。

他们虽然是给苹果做代工，但很少有人买苹果手机，都是用国产手机。小佑是同宿舍里第一个用苹果手机的人。

"这么辛苦，连自己亲手装的手机都用不上，算什么人生？"

小佑觉得富士康的日子虽然辛苦但能应付，赚到衣食所需对他来说就足够；有一点时间就继续用手机看电子小说，只有在小说里，他才能感受到生命的起伏和壮阔波澜。

三年就这样过去了，同条流水线的工友有人自考了本科文凭，有人在学汽修，有人离开了富士康，有人提拔到了办公室。宿舍里抠抠搜搜的工友竟然攒到了一笔钱，跟女朋友一起凑首付在深圳关外买了一套房子。

小佑也厌倦了富士康的生活，看到朋友陆续离开，他想走，去外面的工厂走了一遭，工作都差不多，工资跟三年前也没变化。

父亲打电话，说家里准备翻新房子，小佑发现自己只有 3000 元存款，平日里请客吃喝开销加上洗头房消费，一不小心工资就所剩无几。

"你也该为自己谋划谋划啊！"父亲在电话那头嘱咐。

小佑不愿意继续在工厂流水线工作了，他准备投身热爱的武侠文学，为了全心创作，他辞职在深圳租了一个 500 元的农民房单间去写网络小说。

平台是按照点击量算付费收入，小佑想三个月完成他构思已久的长篇小说，就能有收入。

哪怕是最低的生活消费，3000 元也很快花完了，小佑的小说在平台总共收入 57 元钱。

小佑想离开深圳，又不甘心。后来他去了深圳龙华一个叫三和人力市场的地方，这个故事我们就说到这里。

小吴热爱金钱，小佑漠视金钱；

小吴视金钱如人生殿堂灯塔，小佑视金钱如路边粪土草芥；

金钱驱赶小吴不停地去追，金钱鞭笞小佑不得不去逃；

他们都没学会跟金钱做好伙伴。

金钱这个小伙伴，在人生某些阶段，我们必须好好跟着它走，经历路途坎坷崎岖，跟着它找到了自己向往的水草丰渥之地，就可以停下来，为理想安营扎寨，然后跟这位小伙伴在驻地玩耍，或送它渐行渐远。

钱最大的意义是可以不用因为谋生跟志不同道不合的人打交道，去做重复无用的工作。有钱保障生活后，可以自由选择愿意交往的人，从事真心热爱有创造力的工作。

钱可以让一个人活得更有尊严、更体面，去靠近热爱的事物和人。鼓励年轻人好好赚钱，不应为了虚荣去挥霍，投资积累到了一定阶段，可保障自己去做一份喜欢的工作，追求梦想和热爱。

如果小吴可以早一点停下来，他也许会更早地与他热爱的果园相逢；如果小佑可以早一点意识到，他经济有保障可以持续创作，未来写作的梦想也许可期。

对金钱，要意识到它的重要性，也要明白它的局限性；视其为手段，而不是目的；驾驭它，而不是被它驾驭。

人跟钱的关系就是跟欲望的关系，有人成为欲望的奴隶，有人成为欲望的主人。

愿你成为金钱的好朋友，平等，珍惜，善待，随心。

找点事做

人很多无用的烦恼，在于没什么事可做。

生命具有能量，如果不像河流一样奔向大海，不像树木一样向阳生长，就会停滞在原地，淤困和缠结于消耗能量的小事、小人、小情、小爱。

不是说事、人、情、爱无用，而是当你把生命搭上去钻研，负荷，承重，你会垮，他们也会垮。

"找点事做。"这是我在咨询结束时经常给来访者提的建议。

当一个人没有办法找适合的事情坚持做，去表达他的生命，去和孤独相处，去寄托他的未来，那生活中眼下出现的某个关系、某个情绪、某个人物，就会首当其冲地成为他的生命目标。

他的着迷和热爱一开始会呈现不错的态势，但随着控制欲和成就欲的加码、改造、控制，执着会变成关键词。

来访者小夏第一次找我咨询的时候，已经几近崩溃，她哭诉在跟男朋友的相处中被冷落，自己跟他在一起掏心掏肺地付出，却换不来对方的爱。男友有时间了只知道打游戏，根本不理她。

她说，很多朋友都说现在的她没有以前神采飞扬了，眼神里都是疲惫和黯淡。

我问小夏，以前和现在的区别，除了多一个男朋友，还有什么别的差别。

小夏想了一下说，以前没有男朋友的时候，自己刚跟朋友创业，虽然刚开始生意一般，但对未来自信满满，也充满了干劲。可是自从谈了恋爱，生意也不做了，只想跟男朋友在一起，想早点结婚，有个稳定的家。

我继续问她，刚恋爱的时候男朋友对你怎么样？

小夏说，他就是对我特别好，手机密码也告诉我，工资卡也交给我，我才决定要跟他一直在一起，好好过日子。可是时间长了，我感觉他越来越不耐烦，我说什么事都当耳旁风，没有刚追我时那么爱我了。

我问小夏，你觉得世界上会有人始终热情如一，百分百地爱你、满足你吗？

小夏这时候沉默了。过了一会儿，她说，你说得对，没有人能一直做到那么绝对热情地一直爱我。恋爱以后，我是比原来创业时懒散了，整天就想着他怎么样，所有注意力都放在他身上，如果换作我，我也会不耐烦。

咨询结束后，小夏说，她需要好好筹划一下做点事情了。她感谢我，她明白生活和未来不能只靠一个人给她幸福。

"找点事做"就是给自己找一个锚定的目标，从当下的关系缠结中走入目标靶向，让注意力和精力转移到对自身发展长远有利、身心平衡的事情中。

小荣是我第二个故事的主人公，她经历了一段长达八年的婚姻，因为发现男方出轨，最近刚离婚。家人的不理解、朋友们同情的眼光、独居后的孤独、再加上孩子判给了男方对孩子的思念，简直要击垮这个女人。

作为咨询师，我已经习惯了来访者的情绪低谷后的各种状态，但小荣的神形憔悴，还是让我心生难过。

她给了我一份医院的诊断报告，我也给她重新做了评估量表，结果是中重度抑郁，建议服药治疗。

针对中度以上抑郁，药物治疗之外配合心理咨询是比较利于康复的。

我们的咨询持续得比较长，前期情绪抱持接纳她的痛苦，中期我开始了解她的过往经历。

男方的出轨不是她人生经历的最大磨难，她真正的苦楚是原生家庭。她20岁时就在父母的安排下认识了前夫，然后早早怀孕，到了法定结婚年龄就领证。婚后不久丈夫就开始不断出轨，因为在家带孩子她只能忍气吞声。随着对方越来越明目张胆，甚至在外面包养了情人，28 岁的小荣不堪忍受，坚决选择了离婚，孩子判给了男方。

很多女孩子 28 岁可能还没结婚，一切才刚刚开始，可是小荣已经经历了半生的辛酸苦辣。

离婚后的小荣在亲戚那里找了一份导购的工作。因为娘家反对离婚，她无处可去，在公司附近租了一间小房子安顿下来。

她整日工作结束之后，就在自己的小屋子里以泪洗面，情绪低落了很久去了医院挂号看抑郁症，又经人介绍来我这里咨询。

我问她一般下班了回家会做什么。小荣说，吃完饭就开始躺在床上想小孩，想过去，想前夫怎么对她，想娘家人如何狠心，然后就开始哭。哭累了就睡着了，可是早醒，凌晨三点多醒过来瞪眼到天亮，然后爬起来去上班。日复一日，整日如此。

我问："你家里的家务还收拾吗？"小荣说："一团糟，脸都不想洗，何况家务。"

这时我决定采取"行为治疗"应对小荣严重的抑郁。我给她制定了严格的日常作息表，包括每天 5 公里的跑步、2 小时的阅读，我把书也替她准备好。

我问小荣，你结婚前有什么兴趣爱好吗？

小荣说，我很早就不读书了，只是喜欢跳舞，但是一直没机会学。

你跳舞有天赋吗？

不知道，小学时候经常被选去学校舞团排练，不知道算不算。

算！

小荣开始坚持我的作息表格和任务安排，除此以外，她在公司附近报名了一个爵士舞的培训班。

前期咨询是访谈，后期咨询有任务，但是每一次小荣到来，她的状态都开始不一样了。

晨曦老师，舞蹈让我更快乐了！

因为要联系咨询时间，我和小荣加了微信。我看到她发动态，开始整理家居，给自己做了一顿美美的晚餐，舞蹈班认识了新的朋友，去书店买了一本喜欢的书。

小荣像一颗晦暗的星，在不断地行动，不断地与外界接触之后，找回了自己的光。咨询结束的时候，我问她："小荣，你现在有什么梦想吗？"

小荣说："我想在自己 30 岁的时候，成为一名舞蹈老师，有一个自己的工作室。"她的脸庞已经不是刚来我咨询室的样子，眼神是发亮的。

"找点事做"能解决很多问题，比如胡思乱想、失恋情伤、迷茫无助。人不是因为有了情绪、有了动机才去行动，而是主动用行为改善情绪，有意识让自己做点什么跳出困局，比如运动锻炼、整理家务、出去社交、打个电话、找本书看。

　　唯一能有效把自己从情绪泥沼中解脱出来的，只有自己采取主动行为。

　　人一生的能量和生命力如果倾注在一件事情上，是热爱、发展和成就；如果倾注在一个人身上，便是压抑、捆绑和缠结。穷其一生，找一件事，而不是锁定一个人。

　　于事，格物至穷理；于人，聚散却自如。

　　在你的生命里，找点事做。

拿回人生自主权

人在社会中行走，要保持一个"我"是最难的事情。我的需求、我的本能、我的自主、我的选择、我的人生，随时都会有很多干扰，让这个"我"不知道哪里去，甚至东倒西歪，渐渐重心向外，成为一个不是我的"我"，扭曲的、妥协的、压抑的"假我"。

这是重心向外的生活。

这世上有一种隐秘的欲望叫作权力欲，它存在每个人的心中，大至社会、职场，小到家庭、母子、恋人之间，都是权力欲和控制欲的战场。只是很多时候，它披着一件外衣，叫作"为你好"。

"让你回老家工作，那是为了你好。"

"跟你说不要嫁给这个人，还不是为了你好。"

"我付出这么多，都是为了你好。"

到底是"为了你好，所以听我的"，还是"听我的比较重要"？我希望我的意志可以代替你的意志，这就是"控制"。

人天生有一种追求成就感的动机，这个动机有些人用在物体、事情、工作、社会职能中，也有一些人用在关系、情感、家庭中。这些人的幸福和成就在于，有人听我的话，我可以控制我爱的人，我的意志是关系里占主体甚至绝对领导的。他不会在意对方的感受和需求，他在意的是自己说话是否有人听，别人是否按他的指导方式生活。

而这绝对不算是爱，也不是为你好。因为真正的爱，有尊重，没有强迫；有成全，没有勉强。真正建立在尊重和理解上的爱，不会用情感、道德、舆论的力量，逼一个不爱吃辣的人吃完一盆水煮鱼，逼一个不会游泳的人跳进水里。真正成熟的人明白，这世上没有绝对的真理，更应尊重另外一个人有他自己的意愿和喜好。

可是没办法啊，他是我母亲啊，我总不能让他生气怨恨我吧。
你说的我都懂，可我就是做不到让爱人因为我而难过啊。
我这么做是顺自己心意了，可是别人会怎么看我呢？

这些话语都是似曾相识，但很多人却感同身受。"你说的我都懂，可是我做不到。"

我做不到让父母恨我，我做不到让身边人讨厌我，我做不到像你说的那么潇洒。

于是他们依然重心向外，依然重蹈覆辙，依然在深夜不眠，依然怀疑人生，依然迷茫困顿。

为了别人的情绪、感受，直接让出了自己人生最宝贵的东西——自主权。而一个丧失人生自主权的人，不可能获得真正发自内心的快乐。

人要活出自己，需要将重心向内。

什么是重心向内，就是无论选择何种生活方式，都基于自己内心的需求。只要这种方式不损害任何人的直接利益，不违背法律和伦理。

你都有这个自由。

而做出这个选择后，如果伤害到身边人的情绪、感受，并非切实损失的时候，你应该对自己说："他应该为他的情绪感受负责并调整，而不是我做出改变。因为，这不是我的错，我只是行使了我基本的权利。"

如果一个成年人有这样的意识，他就真正开始了一种重心向内的生活了。

可能会有一些人讨厌你，可你并不害怕；可能有一些人说你自私，你说一声"我并未拿走损坏你什么，我不自私，而你这样想改变对方，才是自私"。

重心向内的生活，就是从一株纤弱的小草，无论哪边风吹就东倒西歪毫无抵挡，成长为一棵参天大树，清风徐来，我自摇曳婆娑，但根基很稳，主干不动，深深扎根于泥土。这根便是"我"，我的需求，我的本能，我的自主，我的选择，我的人生。

重心向内不是盲目自大和自恋，而是真正了解自己到底要什么以后，拿回人生的主动权，不再委屈压抑，戴着一副假面具，扮演那个他们想要看到的"假我"。

在这个充满了控制、征服、利己的世界，有很多谎言打着爱的名义，打着为你好的名义，而真相只在你的内心感受中。

重心渐渐向内，学会了说不，不害怕被谁讨厌，从讨好他人变成尊重自己。你会发现，那些妄图控制改变你的力量就越来越单薄，你的版图疆域里的侵略者也越来越少。他们都知道，你不好惹。

"不好惹"三个字，相信我，在未来的人生里，一定会帮到你。

重心向内的人，他能分清爱、操心、唠叨、关心、干涉、强迫的界限，什么时候重心外倾表示尊重，什么时候捍卫主权并不屈就。

重心向内的人，有一两个知己，几个谈得来的朋友，但并不奢求人人喜欢、事事周全，也不在意是否被非议、被讨厌。

因为，讨自己喜欢，比让别人开心更重要。

过重心向内的生活，一开始很难，会走不稳，甚至会踉踉跄跄，但是相信我，走久了，你会热爱自己这份永远向内的重心。

　　毕竟，这一生短暂，我，要为我而活。

管理自己

用这五个维度看生命：能量、情绪、时间、社交、欲望。

管理你的能量

什么是能量？

人的生命就是能量的获取与释放的过程。除了饮食、呼吸获取生存能量，还存在着精神能量、情绪能量，统称为能量场。每个人都有自己的能量场，能量场看不见，但它的力量是巨大的。有些人让人喜欢，很想去亲近；有些人却让人讨厌，很想远离。有时候精神满满，做什么都很顺利；有时候却精疲力竭，毫无进展……这些都与个体当下的能量场有相当大的关系。

现代人很重视容颜和身材的调整改善，看不到、摸不到的能量场，却很少人意识到它的重要性。

如何维持和提升自己的能量场，让自己拥有好的状态和表现，我们需要有意识地自主调整，而不是毫无意识地消耗。

　　第一，保证自己处于滋养的关系，如果没有，独处也不错，远离消耗的负能量人格。

　　滋养的关系，是指在这段关系中你感受到被接纳和鼓励，有良性的互动和支持，让你觉得自己是个不错的人，并且愿意变得更好。你的内心更充实温暖，充满价值感，对未来更有信心和美好的感受。一段消耗的关系则相反，你觉得自己很糟糕，整个人烦躁、郁闷，各种说不出的难受，自我价值感急剧降低，自尊受到了踩躏，对前途感觉更黯淡等，深深地怀疑自己，心绪不宁，坐卧不安，睡眠饮食都会受到影响。

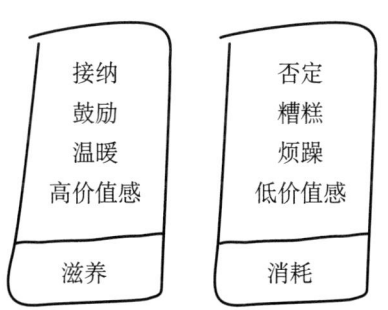

　　滋养的关系等于能量充电，让你更有信心去改变，去行动，去迎接挑战；消耗的关系等于电量流失，你很想改变，却焦虑、自卑、消沉。前者是看到自己的优点去发挥，后者是受困于自己的缺点无从

施展。

很多人的能量消耗，首先是来自关系，特别是亲近的关系，比如原生家庭。判断一段关系是否需要密切相处，我们的依据不应该是血缘或者地缘，而是滋养或是消耗。对于消耗的关系，保持一定距离，能量的隔离是非常必要的。

不是断绝关系，是保持距离和界限。搬出去自己住，换一个城市发展，让自己的能量慢慢恢复和提升。

生活中，有很多负能量或者低能量的人。他们没有情绪自主能力，当内心负面感受无法承载的时候，便会用攻击、贬低、嘲讽、情感道德绑架等方式朝身边人转移负面垃圾。我们称他们为"能量吸血鬼"，自动吸食他人能量，喂养自己。他们是负能量黑洞，对身边人来说是很有害的。越亲近的人，越会成为他们吸食的对象，特别是孩子、伴侣、家人。

能量充足的人，他们会屏蔽远离这些能量吸血鬼，不管是任何人都不能让其吸食自己的宝贵能量。让自己靠近一些正向能量的人，自主选择更滋养的关系，或者独处。

独处对于能量的提升也有相当大的作用，庄子曾说"独与天地精神往来"，孟子也有"存其心，养其性，所以事天也"的修养功夫。自处，冥想，思考，当内心澄净安稳，天地、万物、宇宙都在滋养你的灵魂。

第二，从事热爱的工作，如果没有，有一个喜欢的爱好。

人最重要的是什么？弗洛伊德说：去爱！去工作！

一个人最大的幸福，除了亲密关系，便是可以从事自己喜欢并且有成就感的工作，从中获得价值感，能量持续提升。

而现实生活中，很多人都在从事一份养家糊口的工作，谈不上喜欢，只是为了工作收入，所以这样的状态处于能量持续消耗。

如果可以，尝试、摸索，找到一份自己热爱的职业，没有什么比这更治愈人了。

当迫于生计，工作无法改变的时候，拥有一个兴趣爱好，也可以提升个体能量。

心流，英文为 mental flow，在心理学中是一种人们精神专注进行某行为时所表现的心理状态。心流体验会有高度的兴奋及充实感，就像人与宇宙本身产生深度链接，会极大促成精神力发展与自我提升。

如果一项兴趣爱好或业余活动让你产生了心流体验，它无疑便是你最好的能量加持方法。

我有一个朋友是企业高管，虽然工作繁忙，但他每周都会抽出一个下午去钓鱼，静静地坐在湖边，在山水中放空，整理心情，他说一次钓鱼带来的能量能保证他接下来一周心平气和地对待世上之事。

工作之余，去打球、画画、舞蹈、写作，让生命不断表达和充盈，收获自己的欢喜。

第三，设置生活中的小目标，难度不高，循序渐进地去达成，获得自我效能感。

太高远的山峰难免让人望而生畏，会攀登的人也会享受小目标的达成带来的成就感。

请给自己每个季度、每个月、每周，设置一些容易达成且有满足充实感的小任务，比如完成一幅插画，写一篇日记，陪伴孩子做一次手工，减重几斤，看完几本书，考一个职称，销售业绩小突破，等等。每一个小目标的达成，就是一次能量的加持，血槽加满，继续往上攀登。

"我可以"这个感觉会一直伴随着你的生活。在一盘游戏中，不断打小妖怪的酣畅淋漓，在遇到大魔王时才能不怯场，体验挑战的快乐。

第四，养成有序健康的生活习惯，睡眠、饮食、运动、阅读。

混乱的生活如同混乱的人生，摸不到头绪，找不到方向，做不成事情。有序的生活才能保障一个良好习惯的坚持，任何一件小事乘以365 天，再乘以 10 年，都是了不起的事。

休谟说，习惯是人生的伟大指南。大至思维习惯、行为习惯，小至工作习惯、休闲习惯、饮食习惯、社交习惯等，我们人生每一步发展，都跟日常习惯有关。每天都习惯健身的人跟不健身的，形体是不一样的；每天都坚持阅读的人跟不阅读的，气质是不一样的。如果要提升能量，需要审视自己的习惯，养成良好的生活秩序。

滋养的关系、热爱的工作或兴趣、小目标的达成、有序健康的生活，做自己能量的自主调节者，而不是被动等待外界或他人去改善。

向外求索攀附的人是弱者心态，向内发掘能量的人才是强者自助。

真正决定一个人生活质量的，并非物质，而是精神，是能量。

对于我们每一个人来说，一定要意识到：自己体内蕴含着无限强大的能量，而我们在生活中不断修行，就是让这份能量真正作用于我们的命运人生，不断开启生命的灿烂。

管理你的情绪

情绪，决定了你的脸、你的姿态、你的气质、你的恋情婚姻、你的资源人脉、你的一生走向。

明白情绪的来源，通晓情绪的疏导，掌握情绪的管理，是一生的必修课。

情绪的定义，情绪是指伴随着认知和意识过程产生的对外界事物的态度，是对客观事物和主体需求之间关系的反应，是以个体的愿望和需要为中介的一种心理活动。

通俗一点来说，情绪就是大脑认知的呈现，是人另外一张脸：生气时满脸涨红，焦虑时眉头紧缩，欣喜时嘴角翘起，痛苦时眼神黯淡。

心理学认为，情绪会形成一种气场，就算人下意识压抑掩饰自己的心情，但是微表情、小动作、无意识的话还是会向外界传递这个人的内心语言。人类可以通过微整形、填充、微雕形成精致的五官，但情绪和情绪形成的气场，还是传达了他们的所思、所想、所喜、所虑。

情绪影响着表情，表情控制着面部肌肉，日复一日，什么样的情绪，就无形中给人一张什么样的面孔。

现代社会竞争激烈，人们极其关注外在的修饰和包装，却唯独忘记修葺内心。

那情绪是怎么来的呢？我们又应该用什么样的方法调整自己的情绪呢？

情绪 ABC 理论，由美国心理学家埃利斯创建。他认为激发事件 A（activating event）只是引发情绪和行为后果 C（consequence）的间接原因，而引起 C 的直接原因则是个体对激发事件 A 的认知和评价而产生的信念 B（belief），即**人的情绪和行为结果不是由某一事件直接引发的，而是由于经受这一事件的个体对它的认知和评价所产生的信念所直接引起的。**

通俗一点说，就是一个人上街，被另外一个路人撞了一下，这个被撞事件本身是客观的，不会直接引起这个人的情绪，但是如果当事人将此解读为是别人欺负冒犯他，就会引起情绪，变得勃然大怒甚至将冲突升级；如果当事人认为这只是个偶然小事，不值得计较，就会继续前行，转眼就忘。

A —→ B —→ C

Activating   Belief   Consequence

event

事件   信念   结果

情绪ABC理论

再举个例子，同样是恋爱中遇到分手，不同的人理解不同，情绪不同，修复的时间不同，对人生产生的影响也不同。A解读为对方抛弃自己，忘恩负义，继而苦苦纠缠，最后白白浪费时间在报复中，几年过去了仍然活在仇恨中，无法往前。B解读为两个人关系出现问题，双方不适合自然分开，虽然有点难过，但一段时间后便释然，重新出发，人生恢复平静，继而遇见新的爱人，开始新生活。

人生永远是多元的，什么样的解读就会带来什么样的情绪，继而引发一系列后果。

哲学家说，人生除了生老病死是真正的痛苦，其余都是人的想法自寻烦恼。

很多人心情不好，会去购物、买包包、旅行、看电影、喝酒等，这些行为仍然是在情绪的下游打转，清扫上面的污染物而已。而真正的情绪治愈，需要再往前走一段路，去河流的上游，甚至是源头去看一看。

"当你有这样的情绪的时候，你是怎么想的？"

这句话，就是找河流的真正污染源。

怎么想的？

那个人撞我，是不是故意的？他是不是看不起我？

他欺骗我辜负我，我也不让他好过！

那这个想法是百分之百的事实吗？

嗯，差不多，至少 80% 吧！

那剩下 20% 的可能会是因为什么呢？

不知道，也许他是急着赶路眼睛没看到我。

他也有爱过我的时候，在一起这么长时间，总有一点吧。

当事人自己嘴里说出这两句话的时候，神奇的是，他们的情绪忽然没那么强烈了，愤怒和焦虑的程度瞬间降低了。

怎么想的？这便是强烈情绪的来源，而稍微冷静往前走走，在想法中寻找其他可能性或对立面，会发现自己的认知是如此狭窄，而忽略了那么多其他证据。

如果在情绪的污染源头多待一待，会发现自己曾经在情绪的死胡同里，钻了那么久，却从未转念一想。

情绪管理说起来复杂，做起来就是完成上述程序。感觉情绪来临，监控到情绪波动，冷静几秒，审阅当下的想法，掰一掰想法的合理性和其他可能性，当做到这一步的时候，情绪的火爆程度已经降低，会以合理的方式表达。经常自己训练这种管理方式，不知不觉，发现认知越来越宽阔，看待人和事会更平静。

因为你知道，人世间没有死胡同。

很多情商高的人，这些程序已经变成他们的自动化模式，从来不会让自己陷入情绪的沼泽。他们会拽自己出来，用更理智的方式处理。

幸福的人不是真的上天眷顾，而是他们一直保持良好的情绪，形成良好的气场。

情绪顺了，就什么都顺了，境随心转，万物生莲。

对生命经营和负责，请今天就开始觉察你的情绪。

管理你的时间

　　时间的确是生命，一个人有多珍惜自己的时间，就有多热爱他的生命。当你开始有意识地审视自己的时间、管理自己的时间，你就如同掌握了生命的方向盘，明了你要去的方向。

　　时间管理分三个部分：有序生活、系统时间、碎片时间。

时间管理

有序　　系统　　碎片
生活　　时间　　时间

1. 有序生活

现在很多人想人生做出点成绩，却总是无从下手，给自己树立目标，拼命一段时间之后，却总是无法坚持，草草收场，形成间歇性自律之后的间歇性崩溃。

没有计划就开始一天的行程，看很多书却总是蜻蜓点水，没有经过自己的思考急匆匆做事，每天接收各种信息，重复或杂乱。

生活，需要沉淀。

太拼命的人不一定成为赢家，长跑选手刚开始要的是步伐有序，才能为最后冲刺节省下体力。

"一万小时定律" 是作家格拉德威尔在《异类》一书中指出的定律。人们眼中的天才之所以卓越非凡，并非天资超人一等，而是付出了持续不断的努力。不管你做什么事情，只要坚持一万个小时，基本上都可以成为该领域的专家。

一万个小时还有另外一种表述方式，那就是"十年"。早在 20 世纪 90 年代，诺贝尔经济学奖获得者、瑞典科学家赫伯特·西蒙就和埃里克森一起建立了"十年法则"。他们指出：要在任何领域成为大师，一般需要约十年的艰苦努力。

坚持一件事超过十年以上，需要的是什么？是毅

力还是恒心？

其实是习惯。

行为心理学的研究表明：21 天以上的重复会形成习惯；90 天的重复会形成稳定的习惯。

有序的生活意味着你的习惯每天都重复，比如早上 8 点的跑步，中午 12 点的眼保健操，下午 1 点的阅读，晚上 8 点的学习。

德国哲学家康德堪称有序生活的时间管理大师，他一生持之以恒地恪守自己制定的生活规则。

起床、吃饭、散步、工作、学习、睡觉，针对生活中所有固定的事情，康德都有自己的时间规划，并且坚守了几十年之久。

康德在生活中秩序井然、千篇一律，但正是因为日复一日地坚持哲学思考和教学，"三大批判"构成了他的伟大哲学体系。

十年的维度，可能拼的不是体能和自律，而是良好有序的生活习惯。每天都做一个小时，好过只自律一个月。

紊乱的生活中培养出秩序，秩序中的好习惯替代坏习惯。漫长的一生，我们不妨相信一次水滴石穿的力量。

2. 系统时间的利用

不管现在你有没有正职工作，每天都可以挪出一些时间来系统经营。

人生最好的三个伙伴：事业、副业、爱好，这三个"小伙伴"可以陪你度过最艰难、最孤独、最无助的时光。事业带来物质，副业给你退路，爱好陪你消磨无聊。一个人的安全感不是靠关系和感情，而是这三个形影不离的伙伴。

我们利用系统时间其实就是去经营副业。如果你喜欢你的目前工作，可以多学辅助技能深化专业能力，或者职业遇到瓶颈危机多个退路；如果你不喜欢目前的本职工作，那更应提前学习和准备，为转行到热爱的领域而努力。

人每天 24 小时，按照 8 小时睡眠，8 小时工作，8 小时休闲这样估算（有些朋友睡眠没那么多，有些朋友工作时长略久，有些朋友闲暇更多）。每天可以拿出 2 ～ 3 小时的时间，就是系统时间。

2 ～ 3 小时做什么，有效地系统学习一个技能，可以是远程课、培训班、电大夜校，顺便考取职业证书。

别人还在敲钟当社畜混日子，而你可以用 1 ～ 3 年时间默默攻关一项职业技能，逐渐业余接活儿，慢慢变得专业，时机到位甚至可以自己当 soho 单干，不用继续朝九晚五。

培训，外语，设计，剪辑，心理咨询，建筑，茶艺，烘焙……

这个世界不只是眼前的敲钟，还有更多可能，每多一个技能，你就多一分底气，多一分自由。

当然，不是所有人一开始都能坚持学习两三个小时，系统时间如何利用，推荐**番茄时间管理法**。

番茄时间管理法是弗朗西斯科·西里洛在 1992 年创立的时间管理方法，即工作 25 分钟让自己休息 5 分钟，让疲劳的大脑休息休息，然后再继续下一个番茄时间。也就是全神贯注地工作 25 分钟，休息 5 分钟，中间不可被打断，此为 1 个番茄时间，4 个番茄时间为 1 轮，是 2 个小时。

如果刚开始还不习惯进入学习状态，试下番茄时间管理，可以逐渐养成自律约束。

3. 碎片时间

我们的生活节奏很快，时间被一件件接踵而至的事情切割得零零散散、支离破碎，连续的整块时间越发成为稀缺资源。

面对这些支离破碎的时间"边角料"，人类天生具有惰性的大脑，总是"下意识"地选择轻松愉悦、方便快捷的事情——看见新闻刷新闻，看见抖音刷抖音，看见论坛刷论坛，而时间却在这些没有营养价值的"即时快乐"中溜走了。

虽然这些时间看起来零零碎碎，累积起来的总量却很可观：比如上下班通勤 1 小时，闲聊、排队、玩手机，其他零碎时间，这样计算下来，我们一天至少有 2 小时以上可利用的碎片时间，一年下来就是700 多个小时。

在碎片时间中，我们的大脑都在进行自动化行为，比如坐车、排队、做家务，无法进行专注学习，但是可以利用耳朵的听进行学习、复习、温习。

电子书、有声阅读、记单词……哪怕做十分钟的拉伸，也是碎片时间的有效利用。

时间每一分一秒都在溜走，我们可以用碎片时间服务目标，也可以让时间如流水散漫溜走。

人生不只是追求快乐，更需要意义，而意义来自一个普通人用一生坚持做好那么一两件事。

我们生命的意义在于漫长时间的浓缩后，是挥霍散去还是锤炼精华。

管理你的社交

"最近都不想出门见人，怎么办？"

"小学同学聚会邀请，到底要不要去呢？"

"内向的人不怎么喜欢社交，应该怎么改变呢？"

很多人面对"社交"这个问题，都有许多困惑：什么样的社交是无效社交？什么样的社交值得经营？什么样的人适合来往？什么样的关系需要清理？

在这复杂的社交网络中，自己应该忠于什么原则？

社交，是指社会上人与人的交际往来，是人们运用一定的方式（工具）传递信息，交流思想意识，以达到某种目的的社会各项活动。

这个定义中涉及三个关键词：社交对象、社交性质、社交目的。

再加上"社交精力"，从这四个维度我们来全面审视社交，以便进行社交管理。

1. 社交对象

传统的关系网络是血缘关系和地缘关系，指家人、亲戚（血缘关系），邻居同学、同事、朋友等（地缘关系），是大部分人的主要社交来源。随着互联网社交网络兴起，又加上了网友这个网络关系。

有一个很有名的定律叫"圈子定律"，它来源于社会学里很著名的"邓巴数字"理论，也叫"150定律"：人类的智力将允许人类拥有稳定社交圈子的人数是148人，四舍五入大约是150人。

关于圈子，它是一种选择，而不是被迫的，是自己主动选择的一种生活方式。当你急着去广泛交友的时候，倒不如专心筛选一下，到底什么样的人可以被允许进入你的世界。

以下内容不会教你如何进入有价值的圈子、结交有价值的朋友，因为但凡有点阅历的人都懂，硬挤和攀附在社交中的作用寥寥。

选择什么样的人交往，这里的标准很简单：滋养和剥削，指精神和物质两个方面。物质滋养和剥削这里不用展开，人性趋利避害，本能都会朝向物质回报，远离亏损。

可是如果关系不涉及物质利益，怎样辨别精神滋养型关系与剥削型关系呢？

让你不舒服的为剥削型，反之则为滋养型。

任何一段关系如果让你消沉、自卑，怀疑自己也怀疑人生的，但是你也没有勇气改变自己，也没有能力去使对方改变的，都是剥削型关系。

如果关系中你觉得舒展、自然、自信，发现自己的美好，愿意主动改变的，是滋养型关系。

看到这里，很多朋友会问：道理我都懂，我也能分辨内心的感受。但是，如果这个人是父母或者伴侣怎么办？

这里要明白，我们没有办法拯救和负责任何人的人生，大多数时候只能选择划一条界河，保护好自己的情绪能量，不被掠夺和剥削。

如果可以远离，就远离；如果没有办法远离，就减少交集；如果没有办法减少交集，在意识上要隔离，做到不被他人剥夺自己的能量。

还有朋友问：如果按照这个标准，我身边滋养的关系几乎没有，怎么办？

独处也是一种滋养。能量越低的人越喜欢泛泛交友，跟各种各样的人攀谈。他的精神能量太低了，所以跟谁说话都可以吸引对方的能量。高能量的人没有那么多社交，他们很专注，很注意自己的滋养，不会随便消耗自己，遇到比自己更高的人，他们会向对方学习。

学会用"滋养和剥削"的标准筛选社交对象之后，你会发现自己在社交中越来越自信，能量饱满，心态积极，你不再是荒野无定的游民，你成为自己王国的主宰，主动选择什么样的贵宾进入你的国土。

2. 社交性质与社交精力

社交性质分四种：寒暄、情感、信息、利益。

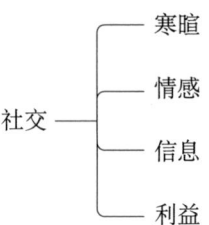

寒暄就好比日常问候，聊聊天气，吃了没睡了没。这样的社交属于礼貌范畴，有点像人类始祖大猩猩互相抓虱子的礼仪。

情感社交相对比较深入，主要交流的是感受，特别是不愿意随便说给不相干的人、内心的私密感受，获得情感支持。

信息社交指涉及个人生存发展的重要信息的活动，比如学术会议、请教前辈、客户联络、同行聚会。

利益社交专指特殊场合，比如房屋买卖、合同签约、雇用家政、收外卖快递等。

经济学家帕累托经典的"二八法则"在社交精力分配中也同样适用：20% 的精力给 80% 的社交，而 80% 的精力留给 20% 重要的社交。

什么是重要的社交？情感社交，信息社交，利益社交。

情感社交给你的能量充电，信息社交带来重要的资讯和人脉，利益社交维持基本生活。

而寒暄社交，仅指抓虱子。

这时候很多朋友会说，所有人都是从寒暄社交开始的。不通过前期接触，怎么知道要不要深入发展呢？

如何从大量的寒暄社交中筛选出重要社交呢？

情感社交看直觉默契，信息社交看有效有用，利益社交看承诺兑现。

直觉会帮你辨认值得倾诉的人，实效性帮你验证信息社交的价值，即时兑现告诉你是否下次合作。

3. 社交目的

人的任何行为都关乎三类利益的满足：情感利益，道德利益，物质利益。

物质利益指在一起有钱赚，情感利益是让我心情好感受愉快，道德利益指让我觉得自己是一个很不错的人（道德优越感）。

社交目的也如此，为了物质回报，为了良好心理感受，为了道德自我。

比如我们和同事社交是为了物质利益，我们跟闺蜜吃饭是为了情感利益，我们去帮助弱势群体是为了道德利益。

明确社交目的的好处是，我们更有靶向性地规划、甄别、开展自己的社交行为。

刚入社会的职场小白，需要给自己安排多一些物质利益的社交，而不是整天跟狐朋狗友喝酒、聚会、厮混。

最近工作压力很大，情绪接近临界点，意味着你需要一次情感满足的社交，出去见见朋友吧。

个人自尊感低，感觉没什么人生成就，可以通过助人行为让自己获得意义感和价值感，良好的道德实践可以净化一个人的心智。

人有三种境界：不知不觉，后知后觉，先知先觉。当人们无意识社交的时候，就是不知不觉；当开始反思自己的社交生活时，就是后知后觉；当有意识地明确了社交意义，进行社交管理，主动安排有效社交、舍弃无效社交的时候，我们就做到了先知先觉。

选择与什么样的人交往，决定了生命与什么样的能量交集，社交管理亦是人生管理。

管理你的欲望

欲望，是每个人一生都无法回避的课题。

柏拉图在《费德罗篇》中用马车来比喻灵魂。理性是驭手，它指导灵魂要朝哪个方向走。激情和欲望是两匹拉车的马，激情是温顺的马，容易被驯服；而欲望是桀骜不驯的劣马，脾气暴躁，不懂得节制。只有驭手和两匹马共同努力朝同样的方向走，马车才不至于分崩离析。

欲望管理，是一门人生必修课，它的课程核心是平衡。

欲望分四个层级：生理欲望负责底层需求，即衣食住行安全稳定；亲和欲望指社交和亲密关系的渴求；成就欲望指自尊地位权利等；最后是自我实现欲望，指个人潜能发展和实现。

人都是从生理欲望的满足开始，逐渐升级到上一层，不断递进。

欲望好像就从没得到真正满足。满足了这个欲望很快又衍生另一个欲望，甚至在一个欲望还得不到满足的时候就已经又产生了另外的欲望。追逐欲望产生的痛苦的确会引起思考，我们是不是变成了希腊神话里的西西弗斯。

西西弗斯是希腊神话中的人物，是人间最足智多谋的人，他一度绑架了死神，让世间没有了死亡。最后触犯了众神，诸神为了惩罚西西弗斯，便要求他把一块巨石推上山顶，由于巨石太重，每每未上山顶就又滚下山去，前功尽弃，于是他就不断重复、永无止境地做这件事，其生命也在劳作当中慢慢消耗殆尽。

有人把人生比作山，众生则是西西弗斯，而我们的欲望就是巨石。也有人试图从推巨石的命运中解脱出来，试图消解欲望的轮回，向往平和的彼岸。

欲望可以消灭吗？

有一个企业家事业做得成功，却常被名利、声色、欲望困扰。他慕名找到一个寺院，请教寺院主持一个问题："人怎样才能清除掉自己的欲望？"

主持没说话，只递给他一把剪刀，让企业家反复修剪一棵树。企业家修剪了一个小时，主持问他感觉怎样，企业家只是觉得身心舒展了许多，但是那些萦绕的欲望并没有消失。主持让企业家有空就来寺院修剪这棵树枝。

从此企业家时不时就过去修剪，慢慢地那棵树快要被修剪出形状了。主持又问他，消除欲望了没有。企业家怅然说道，每次在寺院修剪的时候心无障碍。可是，一离开寺院回到生活，平日里那些欲望还是照旧冒出来。

主持说："我叫施主修剪树木，只是希望你能发现，每次剪去的部分还会重新长出来，这就像人的欲望，不可能完全消除。而我们能做的，只是尽量把它修剪得更美观一些。如果放任它不管，就会和那些疯长的树木一样，凌乱丑陋。"企业家顿时领悟了。

消灭欲望就如同让生命熄火，后果是压抑和挫败。我们的生命就是欲望的集合燃烧，这一团火焰是要肆无忌惮毁灭伤亡，还是让这股力量形成动力变成一个发电站，这就是欲望管理的工作。

欲望管理最主要是画两条线，满足线和追求线。

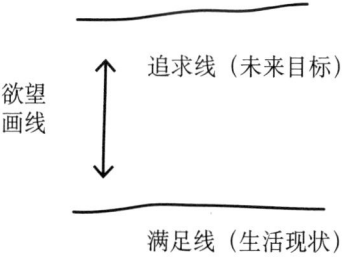

满足线在下，追求线在上，满足线代表生活现状，追求线代表未来目标。很多情绪心态问题都跟这两条线的不合理布画有关。

　　如果目前生活无聊没劲，没什么事可做，是满足线和追求线重合，没有目标也没有追求，得过且过。比如很多人在结婚后有房、有车、事业稳定，就陷入了无意义感，人生陷入停滞。

　　如果焦虑、迷茫、拖延，想法很多、行动很少，是追求线画得离满足线太远，欲望蓬勃但能量有限，梦想遥不可及，行动力跟不上。

　　那追求线应该怎么画，才可以保持欲望适度、生活充满能量，同时不过度、不放纵呢？答案是：在追求线离满足线之间，画一个"篮球架高度"。

　　生活中你留意过篮球架吗？篮球架为什么要做成现在这么高，而不是像两层楼那样高？或者跟一个人差不多高？如果对着一个两层楼高的篮球架，几乎谁也不能把球投进，也就不会有人去尝试。如果做成一人高的架子，几乎人人都能"百发百中"，那还有什么意思。篮球能成为现在风靡全球的体育项目，正是因为它"踮起脚，跳一跳能够到的高度"。

　　怎样设定一个合理又有力量的目标？最好的欲望目标就是有点难又不会太难，努力之后就能达成，不努力就达不到。所以它会变成一个良性的动力，但是又不会造成过大的压力，让人望之却步。

　　目标高度确定后，设置内容应该是什么，会让人有信心完成，而且追求过程中有所提升呢？

　　很多人都会把欲望设定为物质、金钱、名利。这是一种因果颠倒的认知，这些所得只是把事情做好的果，而并非因。

不如把目标改成"如何做好一件事,而这件事恰好满足了他人需求",他人和社会需求的最大化满足会带来经济利益。但只盯着利益,会扰乱做事的专注和利他的初衷。

"要谋求自己过得好,必须也让别人过得好。"这是一个朴实的真理,也是一种善良的智慧——只有利他才能利己。人类是社会动物,唯有互惠才能生存得更好,利他行为成为一种习惯,才会收获真正的满足感、意义感和成就感。

欲望的本质是逐层递进的满足;

欲望的意义是驱动生命向前;

欲望的高度决定了情绪和动力;

欲望的最高追求是利他行为。

理解了欲望,就读懂了生命;管理好欲望,就掌控了人生。

疑惑
&
发问

Part 5

生命是一场发问，答案就是你的步履

人活着的本质，不是呼吸、心跳、脉搏，而是疑惑、思考、发问。

亲密关系：与别人相处

人生最大的烦恼来源于关系，最多的快乐也来源于关系。关系更像一面镜子，映出我们当下的欲求、期待、心境。

> 1. 结婚十年，老公工作比较忙，每天回家都说很累，我应该怎么去开导他，怎么才能缓解他的疲惫，该如何与他沟通？

答：有个热门词叫"下班沉默症"，典型症状为：上班时精力充沛侃侃而谈，回到家却疲惫不堪沉默寡言；在外应酬时笑容满面，回到家来冷若冰霜。

很多女性非常不理解丈夫这样的状态，这里有一个男性的心理状态，叫作**"洞穴期"**。

数千年来的演化造成了男女大脑结构的差异。与女人面对压力时选择滔滔不绝的倾诉不同，当压力到来时，男人有其特定的处理方式——他有一个"洞穴"，一旦遭遇压力，他会选择独处，迅速关闭自己，进入"洞穴"，而后集中所有注意力，以期早日解决他的问题。进入"洞穴期"的男人精神和意志高度集中，变得沉默寡言，对"洞穴"之外的事物漠不关心。这个"洞穴"，就是他的自我天地。

当男人进入"洞穴"关闭自己时，他只是需要一个空间让自己平静下来。而此时的女人，则以自己对待压力的方式去揣摩男人，以男人不喜欢、不需要的方式关心询问，一旦得不到应有的回应，便认为男人冷落了自己，因而感觉备受伤害。

其实这个时候，女性只要多一分理解，给丈夫多一点独处空间就好。男人"闭关"修炼，选择独自承担，自己解决问题，一旦问题解决，心情好转，男人便会自动走出"洞穴"，重新焕发活力。

简而言之，你只需要忙自己的事情，让他安静待着就好，这是最好的开导方式。等他精力恢复了，自然会与你进行良性沟通。

> 2. 晨曦，我经历过一段糟糕的婚姻，好不容易离婚了，遇到了一个比我小的男孩恋爱，他想结婚，我却不想，我是不是恐婚？但我又想要个自己的孩子，我好纠结。

答复：越来越多的单身女性，特别是经历过一段婚姻的，有一种恐婚情结，究其原因，主要是：

首先，经济独立，在生活上对男性依赖较少。

在传统婚姻中，男主外女主内，女性没有工作能力和经济收入，所以在育儿、家务、养老中付出多一些，换得的保障就是男人在外打拼出来的物质资源，这是一种合作和平衡。但是在现代社会，女性参与社会分工，通过工作获得收入可以养活自己，女性与男性相处不是为了物质资源，更多是为了情绪价值和情感温暖，恋爱同样可以满足这种需求，所以婚姻这种生活方式就不再具备以前那么大的吸引力，传统的家庭合作模式就被打破了。这就可以解释你为什么跟男朋友谈恋爱很开心，但是结婚就会有担心，本质上是婚姻的利好——物质保障，你自己已经拥有了，所以只愿意恋爱，不想承担婚姻的责任。

其次，心理学上有一种机制叫作"奖赏机制"。奖赏机制是一种正性强化效应，与中脑边缘多巴胺系统密切相关。多巴胺是一种与欣愉和兴奋情绪有关的神经递质。人在高兴时，奖赏回路上的神经元就发出较兴奋的冲动，并释放一定量的多巴胺，并选择重复这种行为获得多巴胺。相反，如果并没有获得奖赏，甚至是负性强化和惩罚的时候，大脑没有获得多巴胺奖赏，就会选择中止这种行为。简单来说，就是趋利避害。

上一段婚姻据你描述，并没有产生奖赏，都是痛苦，所以大脑机制选择了回避，这就是你为什么这次在心理上并没有趋向婚姻的选择。

对你的建议，针对第一个因素，可以继续考察男友，并进行婚前协商，明确两个人婚后分工和职责，保障平等合作。针对第二个因素，我的建议是，第一段婚姻的痛苦让你有了恐惧，但是你又渴望孩子，最好的方式还是婚姻，毕竟有人帮你分担育儿，那个人还是孩子的爸爸，好过你一个人，换这个角度想，可能会减少你的阻力。

人生就是不断解决问题升级打怪，只是弱者躲在虚拟世界里，强者把现实人生玩出新高度。

3. 晨曦，我是一个未婚男人，爱上了一个单亲妈妈，我怎么办？

答：爱情发生了就是发生了，没有怎么办。

如果是奔着结婚去，未婚男性与单亲妈妈婚姻结合，很大概率会遭遇家庭和长辈的阻力，毕竟他们会为你的现实利益和长远生活考虑，说来说去无非就是"替别人养孩子"，这一关主要是经济和观念。

从经济上来说，你确实要考虑两个人的收入是否富余，会不会因为这个你非亲生孩子的开销影响到共同生活，会不会埋下隐形炸弹。因为你们目前是情到浓时，但是真正在一起久了，现实问题都会逐一显露，这个主要是钱的事，你要想清楚。

从观念上来说，现在很多人都小家庭独立，并不是家族群居、依靠亲戚关系。城市生活大家基本都懒得碎嘴，过去的传统舆论压力没有你想的那么大，所以你需要过的关是自己的观念是否足够宽容开放，是否坚定自己的信念。

我经常说："真正的爱情都是奇形怪状的。"条件匹配有些是显性的，有些是隐形的，你们看似年龄和婚史不匹配，但是爱情如果发生，内心需求和生活态度等应该是匹配的，不然你不会有爱情。

爱情和咳嗽一样，掩饰不了也控制不住。建议你边走边爱，同时做好所有心理和未来的打算，对自己、对别人、对爱情都保持真诚。

4. 晨曦老师，我和我老公从恋爱到结婚不到三个月，是闪婚又是裸婚。婚后经常为了钱吵架，他总是把工资花光。我吵架提出过离婚，但是他以各种理由反对，也不改变。婚后的我像在一个黑洞里，怎么也找不到出口。

答：有一句话，**好的婚姻互相成就，差的婚姻互为人质。**你们的婚姻应该属于后者吧。

从你短短的陈述中可以看出，你现在的生活其实就是"找个人嫁了就好了"这种舆论带歪的。首先闪婚，其次不明确对方经济状况，最后身体和精神零沟通。当年蒙着眼进入考场做的试题，现在看到成绩傻了眼。

你们两人都不是很好的队友，能力不够，合作意识也不好，都不满足于现在的生活。人家是强强联合，你们是弱弱互坑。

建议：当你老公是空气，先假设自己离了，已经是单亲妈妈的状态，不求、不靠、不等了，把自己推入社会求生吧。离婚谈着，自己努力着，也看他是不是能看到你的改变而改变。做一切努力，就是别被动等着。

最好的结果，你的努力和积极给你自己带来了回报，他也不好意思在原地了，自觉改变了，维持了婚姻，共同向上。

次一点的结果，你的努力和积极给自己回报了，他还是个懒蛋，你有了资源也有了底气，找个离婚律师法院起诉换得自由身。

最差的结果，你听完这么多，还是等着，等着他改，等着他离，等着谁来救你。

5. 晨曦，女人怎么样才能找到那个对的人？

答：女人终其一生似乎都相信，这一生一定会有那么一个人是"命中注定"的，会给她带来幸福，可能会晚到一些，可能会有些波折，但一定会有。

她总是觉得有某种力量或者某个人可以保护、帮助自己，与自己在一起，并且永不抛弃。以下把这个人叫作"神秘人"。

在"坠入爱河"这种情形中，对神秘人的寻找，常常由于性欲的辅助，达到了巅峰。女性一般认为这个人就是她一生都要寻找的人，把自己的整个生命都与他联系一起，并终生依赖他。虽然换成另外一个人，同样的事也会发生。

从本质上来说，之所以寻找和依附神秘人，原因是一种共生的冲动，即无法独自生存，也不能发掘个人潜能。换言之，她希望从生活中、从神秘人那里得到期望的一切，但就是不想从自己的行动中得到。所以接下来就害怕失去这个人，从自己独立生活变成如何"操纵"他，以免失去他，如何使他做自己所想的，让他担负起责任。

由于期望完全是虚妄的，没有哪个真实的人能满足她对"神秘人"的期待，所以最终都会令她失望。如果以分离告终，她常常会选择继续寻找一个新对象成为神秘帮助者，以期通过他实现全部愿望。

对神秘人的关系渴求程度，是与发掘自己潜能、自我发展、独立的能力成反比的。

女性如果从一开始就破除这种一定有那个神秘人的迷信，如果从一开始就相信发展自己的力量，如果从一开始就明白任何伴侣都是普通的人，并不具备拯救自己的神秘力量，而是看到自己的存在，也看到伴侣真实的存在，才会进入一段真实的亲密关系。

6. 晨曦，我是女生，在每段关系里都比较卑微，总是尽力迎合男友的需求，从不敢表达自己的需求，而且总担心失去，会偷偷查他手机，这是为什么呢？

答：女性在感情里处于低位的原因有两点：（1）原生家庭影响，被父母打击，没有自信，不认可自己。内心深处总认为自己配不上好的爱情，必须懂事隐忍，多为对方着想，才能维系爱情。（2）在此段感情中，你可能不仅收获情感价值，还依赖对方的供养价值，也就是对方也给你物质、钱。这样的话，你自然小心翼翼特别怕失去他，因为失去他不仅是感情问题，生活来源也断了。你可以观察一下，经济独立的女孩子在爱情中心态是比较稳定的，而敏感焦虑的女孩，一般都是经济上依赖伴侣的。

我听过一个段子：什么样的女人爱查男人手机？自己没有收入的，或者太闲的，最爱查男人手机。

经济，是一个女人最大的底气，无论是在社会中，还是在感情里。

7. 晨曦，我结婚后全职在家带孩子，老公一直不主动给家用，跟他要点钱总是很费劲。婚姻到底有什么意义？我过得不幸福，怎么办？

答：这里我想纠正两个概念。

首先，人生，包括婚姻，本身就不是追求幸福。我们对于幸福的定义停留在文学作品和网络文化美好的想象中。真正的生活本就不完美，甚至千疮百孔，不只是你，大部分人的生活都是如此。

其次，婚姻对于女人来说是最低保险杠，但不是最优可能性。什么意思？就是婚姻能保障一个女人获得最低限度的供养，但不是一个超越平均可能的满足。

我们讨生活都有一个雇用方。男人在外，企业是他的雇用方；做老板的男人，客户是他的雇用方；职业女性也一样；家庭主妇，她的雇用方，是她老公。

有些老公混得好，年终奖福利比较多；有些老公混得一般，基本工资给够；有些老公比较抠，发薪水不利索；有些老公经营不善，可能还要欠薪。

我习惯用经济学理论，从市场、资本、人性的角度来看很多问题，我不大擅长用感性和爱情的角度看。这也许让我少了很多浪漫，但给了我很多理性、勇气和承担。

选择老公就是选择一个企业，你是要当员工，面对雇用方的他，还是当股东和合伙人？

如果已经选择了当员工，建议你伺候好现有雇用方，发薪水不利索也好过没有，有空闲时间外面做个兼职，补贴自己和未来。

记住，人活着，就先要讨生活，不要有任何侥幸。

> **8.** 晨曦你好，我年纪不小了，父母一直催婚，却找不到合适的人。我不明白为什么现在结婚这么难，是我太挑剔眼光高吗？我都怀疑人生了。

答：如果你现在觉得结婚难，遇到合适的对象难，恰恰证明你现在生活现状还不错。

我们讨论的婚姻存在的绝大部分时期人类是吃不饱的，吃不饱的时候生存繁衍至上。小农社会一个人根本活不下去，必须以家庭为单位，分工互助，才能提高生存率。

中国人真正吃饱饭也就是近几十年。温饱问题解决以后，面临的头等大事是如何生活得更有质量，更想体验优质生活和自由发展。人不再为了活着而活着，更多是向往幸福。

人没变，一直追求更好的生活，只是时代变了，经济变了，生活变了，所以对婚姻的要求也变了。曾经穿草鞋是为了不赤足磨脚，如今可以选更多舒服的鞋，于是草鞋慢慢成为选择之一而不是必须。

人性本能趋乐避苦，每一个选择都为了权衡利弊后更有利于生存。以前结婚容易，因为有明显利好；现在结婚难，因为无明显利好甚至拉低生活质量。

通往幸福的路有很多条，无论用什么方式到达，传统的还是现代的，盲从的还是自主的。希望你做的每个决定，都是因为其令你比上个阶段幸福，而不是痛苦，仅此而已。

9. 晨曦你好，我现在离异后带个孩子，看到身边陆续有人重组家庭二婚了，身边也有异性追求我，我却有些迷茫。我想问你，二婚会幸福吗？

现在离婚率确实比较高，有离婚就有二婚，我们会在网上看到各种二婚晒幸福或者二婚晒后悔的例子。且不说是真是假，只能说二婚想幸福不应该像头婚一样懵懂跟买彩票似的，而应有一些掌控、自主、理性。

人的幸福感取决于目标实现值与期望值的比较，也就是你本期望一个馒头，忽然吃到一份海鲜大餐，想不幸福都难。

如果你离异后自己在物质精神层面学会自我解决和自我满足，二婚多个人陪伴生活有个帮衬，这就是一份简单的幸福。如果你目前各种匮乏，期待对方给你带来你现在没有的东西，一旦没有实现，必然失望满满。

一个人幸不幸福，首先取决于他的心态和能力，跟婚不婚无关，更跟头婚和二婚无关；其次，幸福主要靠伴侣给的人不容易幸福，把幸福的权力交给外界，本身就很被动。

能问这个问题的人本身对结婚或者二婚期待太高了，应该把问题改成"现在自己怎样才能经营好幸福"。

你现在可以幸福吗？

10. 晨曦你好，我孩子现在初中了，又早恋又叛逆，我简直不知道怎么管了，现在跟孩子像仇人一样，说什么都不听，怎么办？

答：孩子的叛逆期是一种提醒，提醒父母要改变看待孩子的方式，而不是用曾经对小朋友的方式继续相处。

"早恋"和"叛逆"这两个词是成年人用来遏制孩子个体意识和性意识觉醒的。

没有早恋，只有正常的青春期发育和对异性产生好感；没有叛逆，只是用对抗的方式昭示孩子需要有自主权。

建议正视孩子确实已经长大的事实，做好性知识教育和规则约束（比如晚上最晚几点要回家）。宜疏不宜堵，偶尔像朋友一样跟孩子聊聊天，听听他们的看法，聊聊他们的生活，信赖和尊重的氛围更适合引导他们。

顺便说一句，早恋的孩子一般早熟和早慧。也许青春期会多一点是非，但是有利于他们进入社会后的情商培养和感情处理。情感闭塞和发育迟滞的孩子，成年后应对异性情感可能不如早恋的孩子。

有一些人生课程孩子迟早要面对和研读，与其忧心忡忡，不如放手一些，看着他们逐渐走向成熟。

11. 晨曦你好，怎样找到一个不出轨的伴侣?

答：建议你把要求改成"找到一个现在相爱的伴侣，哪怕未来出轨了，我也能接受"。

万物都在流变中，人的思维、情感、需求都在变化，不能用恒定的眼光要求，而是在变化中迎接考验并且能度过。

我只能给你建议，什么样的伴侣出轨概率会低一些。

首先，不要太闲，有正事做的人，大部分时间和精力专注在目标上，出轨概率会降低；

其次，自尊、自信的人，他们不需要在爱情的追逐认可中获得慰藉；

再次，有过一些感情经历，对男女之情不会像小学生一样新鲜好奇；

最后，你们之间彼此满足，基本的性和情感需求都能满足，有时间陪伴对方。

当然还是希望你不要把时间花费在担心探察伴侣出没出轨上，而是这段感情对于你来说有没有成长，有没有意义。**爱情不是刑侦保卫战或者追求圆满大结局，而是经历这段路程，你有没有更加了解自己、了解人、了解人生，并觉得这一程不虚此行。**

> **12. 晨曦你好，我离婚后，孩子抚养权判给前夫。现在见孩子，那边爷爷奶奶总是不情愿，我经常夜里想孩子睡不着觉，担心不跟孩子在一起，以后大了不跟我亲了，心里很难受，怎么办？**

答：作为女人，我非常理解你跟孩子分离的痛苦。所以之前遇到类似咨询，我都是建议尽量能争取抚养权就争取，但是确实有一些女性因为各种原因争取不到或者没有能力抚养孩子，她们也面临着跟你一样的煎熬。

这里我想讲个故事，《甄嬛传》里甄嬛跟皇帝决裂后在宫里没有容身之地，心灰意冷准备去甘露寺。她跟皇帝育有一女胧月，离宫之前她把胧月托付给了敬妃，一是看在敬妃多年未育，人品端正，应该会疼爱自己的骨肉；二是出宫也无能力照拂胧月，在皇宫里毕竟是个公主，比跟着自己吃苦强。

后来甄嬛得宠二进宫，成为熹贵妃，但她也未跟敬妃要回胧月，而是维持现状，笼络了敬妃，稳住了自己的后宫阵营。这也许就是甄嬛成功的原因，在抉择面前，没有多余的妇人之仁，而是理性地取舍平衡。

感情归感情，理性归理性，没有哪个母亲不想跟孩子在一起，可是现实是残酷的，离异后要做的就是尽快打起精神，面对社会竞争，让自己更强大和稳定，而不是在痛苦和思念中浪费精力。

至于你担心跟孩子不亲，我提两个建议：（1）每个月或者每个季度争取探望孩子一次，给孩子高质量的陪伴，满足他的心愿，这样在他心目中母亲的到来代表着快乐，比起朝夕相处啰唆抱怨的形象，也许感情更和睦。（2）努力奋斗获得更多社会资源，说白了，就是更有钱、更有能力，等孩子成年后，进入社会打拼的时候，他会需要你的强力支持，要跟你不亲还挺难的。

希望你尽快从无用的情绪中走出来，成为一个强大的女性，在孩子需要你的时候能实际帮助他。弱小贫困眼泪多，这样的母亲，不是孩子需要的。

13. 晨曦你好，我的妻子出轨了，我心里过不去这个坎儿，想离婚但是顾及孩子，过下去心里又不舒服，这日子以后怎么过？

答：首先，在中国传统观念中，男性一向视绿帽子为婚姻中最不可忍受的，认为触及原则和自尊。我和做家庭治疗的咨询师同行们聊过这个现象，真正女性出轨后离婚的没有那么多，只是当出轨被大家都知道后，才会离婚。家里发生什么不重要，重要的是面子。

其次，你要不要跟妻子离婚，决定因素不是出轨，而是你分手后替代伴侣的选择是否多，重新建构婚姻的难度大不大。因为你再次遇到的异性，她可能曾经也有恋爱史、婚姻史，跟你也不是青梅竹马、结发夫妻，你跟她也需要信任的磨合，也存在试错的风险。如果从投资评估角度来讲，你的妻子可以知错就改回归家庭，本质上维持旧关系的投入成本是比寻找新关系少很多。

你唯一跨不过去的是面子，但没人知道的事情就谈不上伤面子，过日子是实际的。普通百姓没那么多眼里不容沙子，经济、孩子、老人，这么多年共同的经营，才是需要考量的成本因素，放弃这些是否值得。

出轨是感情出现问题的结果，不是原因，是其中一方情感、生理、自尊没有得到伴侣的照顾和满足，那事件的发生就是提醒夫妻去正视关系中未重视的问题。你跟妻子好好沟通下，夫妻间还有没有剩余情感值得补救，还有没有继续走下去的必要，再做决定。

这是一个坎儿，不是你心里的坎儿，而是你们婚姻的坎儿，跨过去了就是涅槃重生，进入新周期，跨不过去就是休止符。

14. 晨曦你好，女朋友在感情上很缺乏安全感，应该怎么办？

答：在感情上缺乏安全感的女孩都有以下特征：（1）没有明确职业规划和事业版图；（2）独处时兴趣爱好不多；（3）认为女人一生最重要的是爱情婚姻，没有其他。

第一点，女孩子有点自己的事情做，小事业发展，就不会把自己的未来都交给伴侣，也不会花大量的时间琢磨和钻研两个人的那点事，无风自然不起波澜；没事可做的女人把爱情当回事儿，恰恰过度经营，没问题也能找出问题，男友稍微一点怠慢就上升到感情危机和自我价值问题，纯属闲得慌。工作的意义绝不仅仅是收入，而是漫长的人生时光有一个可寄托的承载点。

第二点，独处时兴趣爱好能带给一个人积极情绪，再把这种积极情绪传递给爱人。独处时没有兴趣爱好的人最希望爱人陪伴周到，她是没有办法自己给自己找乐子的，如果男友有一些怠慢，便陷入百无聊赖焦灼不安，解读为没有安全感。

第三点，传统文化的影响，女性往往把婚恋的经营看得比较重，所以很难接受自己爱情和婚姻出现问题。越是害怕出现问题，越过于关注，越适得其反。这样的女性太希望在最好的年纪抓到一个适龄的好男人，如果失去这样的男人，意味着失败。一旦男友出现瑕疵和缺点，就视为灭顶之灾，过度解读。

放轻松一点，也许对彼此都有好处。

没正事做闲得慌，没爱好找不到乐子，把爱情看得大过天，三类特征集于一身的女孩，要么逼疯自己，要么逼疯男朋友。

15. 晨曦你好，我年龄不小了，是找一个合适的相亲对象结婚，还是坚持等待那个喜欢的人出现？

答：首先，相亲是认识朋友的一种方式，不要有内心排斥。合适的相亲对象试着交往，如果感觉不错，那恭喜你。如果没有来电的感觉，具体身体接触会不自然有抵触，三思一下。从心理学角度，你的身体接纳的人，一般就是你喜欢的人。

其次，喜欢的人不是等来的，坚持单身多年遇到喜欢的人一般有两个可能：第一个是提升自己优秀起来获得更多异性青睐，选择数量多了，自然高质量的概率就大了；第二个是个人条件没变，但心态成熟了，少了偏执挑剔，多了对他人的接纳，不再对相貌和条件有刻板印象，比如从一个外貌协会到可以欣赏异性的头脑，眼光高度不同了。

再强调一遍，对的人不是等来的，而是自身改变后的一种吸引和相遇。不改变的人，光靠等，那就是一种一厢情愿。

16. 晨曦你好，我父母控制欲很强，什么事都要管，真的很烦恼，应该怎么办？

答：很多人问过我这样的问题，应该说中国相当大一部分家庭现状都是如此。

我一般建议两个方案：西医化疗和中医治疗。

西医化疗就是距离和清净："离家远，多打钱，少相处。"

中医治疗就是装傻和充愣："左耳进，右耳出。"

西医化疗立竿见影，距离远了，也抓不到了。中医治疗慢慢来，类似甘地的"非暴力不合作"。

中西医结合治疗也是不错的。

父母与子女控制权的争夺就是新老政权的交替，摩擦、冲突、暴力都是正常的。政权交替之际需要新政权极大的斗志，等老政权没落让位之后，才能换得真正的和平。

17. 晨曦你好，你作为情感咨询师，你理想中的爱情是什么样的？

我喜欢英国作家阿兰·德波顿的一句话：成熟的爱是一种有性关系的友谊，相处和睦，令人愉悦，彼此回应。

男女之间如果只是谈情说爱，爱情是很难维持长久的。我更愿意界定这份感情为人生战场上的战友，精神上支持，生活中帮助，工作中协助，再加上性的愉悦，夫复何求。

两个成年男女，抛除激情和性吸引，还能安安静静做朋友，吃饭，聊天，一起做事，不觉得无聊。这样的感情，很高级。

只有两个人格独立成熟的人才有可能进入这样的感情，他们彼此有奋斗的领域，经济的保障，他们各自可以独处得很好，相聚也有很多有益的分享。而不是现在很多找爹找妈找提款机找保姆似的寻求爱情。

我理想的爱情，是朝自己人生用力，然后轻松地拥有爱情，而不是面对人生无力，向爱情发力。

成长困顿：跟自己对话

一个人的幸福程度，取决于他与自己多大程度地和解。不再追求理想自我，而是与现实自我好好相处，不放弃每天进步一些，享受过程带来的欢喜。

> **1. 晨曦老师你好，我三十出头了还一事无成，无房无车无存款，找对象也处处碰壁，很迷茫，怎么办？**

答：你的问题，简要总结，就是一个字——穷（婚恋问题也应该跟这个字有关）。注意，这个穷不仅指资源穷，还有视野穷。

三十出头穷也很正常，那些超越比赛的人要么投胎比你好，要么比你拼，要么机会好。

所以一个投胎不顺，不怎么努力，也没遇上好机会的人，三十出头啥也没有，很正常。

资源少，就需要寻找机会逆袭。普通人家出身的，只有两条路：有学历基础的提升一下学历，能去大公司就去大公司，人力、编程、物流、设计、销售电子、仓储……老老实实跟着上司干，或者积累行业经验可以跳槽去更好的公司，给自己三五年，攒钱，娶妻，生子。

没有学历基础得去学个职业技能，烹饪、美发、驾驶、汽修……要么给别人打工，要么自己单干不用请员工，给自己三五年，攒钱，娶妻，生子。

为什么我说了两遍"攒钱"，因为作为一个普通出身、普通智商的普通人，先攒钱比什么都重要，有了第一桶金，才有后续发展。忌盲目创业，忌梦想一夜暴富。等有了第一桶金，有了家庭，手头有了余钱，有了机会，再去尝试可能性的机会，进可攻退可守。

做上述正业的同时，电商直播短视频自媒体等热门领域可以学习试水当副业操作，这些领域考验人的天赋和悟性，所以兴趣为主，功利为辅，也许无心插柳柳成荫。

普通人意味着要比别人更踏实，更耐心，更努力，而且少做梦，多做事。

2. 晨曦你好，我一直很想创业，不知从哪里开始，你有什么建议？

我不提建议，我只提三个禁忌。

首先没打过工的人不建议创业。没有行业内的从业经历，不了解供应链，不清楚企业管理，没被人管过也没管过人，社会阅历少，不建议这样的小白一上来就创业。

其次忌为了创业而创。创业的根本原因应是拥有了核心技术和人才，想自己搭建团队，实现市场价值变现最大化，而不是什么都没有，只是想听别人叫自己一声"老板"，在社会中为满足虚荣和面子去创业，不建议。

最后不建议借钱贷款创业。创业本身是一种高风险行为，前期利润少或者亏损很正常，要准备一些现金流去抵御风险。如果拿着借来的钱创业，遇到困难和风险，就很难容错，支撑不下去。

创业本身是为了实现梦想，这个梦想要具体。具体到领域、行业、产品、服务、技术，而不是什么内容都没有就是想创业。没有米，架起炉灶就想开伙是行不通的。最重要的是先有内容，然后才是创业框架构建，成为为梦想打工的老板。

3. 晨曦你好，今年经济不好失业了，我想做直播，但不知道从哪里入手，直播了一段时间，粉丝很少，不大顺利，非常迷茫，不知道要不要坚持下去。

直播是一种媒介工具，它没有可以给平凡赋能的魔法，它更像一个放大镜，有特色的人更有特色，传播得更快，没特色的人更加局促苍白。

作为人人都想捞金的风口，互联网并不是魔法镀金身，它会让本身闪光的人更加耀眼，金子一般的人格魅力快速传播，也会让抄袭模仿贫乏寡淡明明白白地暴露。所有工具和手段是为了内核服务的，所以我们首先要找到自己的独特之处，才能脱颖而出，这是无论哪个时代都需要的。

每个人先玩转自己，才能玩转互联网，要么美到极致，要么丑到惊悚，要么高雅入云，要么低俗入土。你要发掘你的特点，发挥到极致，才可以在这一行赚到钱。

先找到特点去直播，或者边直播边找有别于他人的特质，否则会欲速而不达，当个交友工具或者副业先随心做着，功利心放下可能会好一些。

4. 为什么现在人们的虚荣心那么重？

没有明确的自我认知，没找到自我提升的方向，没找到真正的自我价值，自尊心便只能建立在外界认可和消费符号上，就像一只空心气球，内里虚无，向外膨胀。

5. 你所理解的贫穷是什么样的生活状态？

贫穷最苦的不是衣食短缺，而是没有希望，意志消沉，精神困顿，这些都是贫穷的并发症，像一艘漏水的船，淹没人的尊严和意志。

6. 晨曦，成年人的友谊实质上都是利益的交往吗?

答：任何关系，亲情、友情、爱情，都是合作。别误会，合作的意思是我们一起共同变得更好，而不是更糟。

很多人听到"利益"两个字，就觉得不纯粹，认为太世俗功利。利益分三种：经济利益、情感利益、道德利益。这三类囊括了人类关系的行为动机。

经济利益比较简单，物质利好，我们上班工作，应付客户老板，都是为了第一种利益。

情感利益，比较难界定，但是终极标准就是，跟这个人在一起，你情绪和感觉上都非常好，比如一个知心的爱人，一个有话聊的朋友。

道德利益，很少人谈及，就是一个人做一件事获得道德上的幸福感和优越感，比如一个人做慈善捐款，你不能说他什么都不图，他图的就是自己帮助别人带来的道德满足，再如一个伺候卧床亲人的孝子，他为的也是道德利益。

所有人的行为都是为了趋利避害，利即意味着以上三种利益。注意：利益是中性词，不是贬义词，把利益看作贬义词的人都是

"巨婴"。

7. 从小到大他们都说我是一个好女孩，但是我过得不开心，谈恋爱被忽视，甚至被劈腿，为什么？

答：从小到大，父母都教育你要让着别人，女孩子应该有女孩子的样子，做事仔细，说话小心，不要冒犯人家，性格不能太强，总会告诉你"这样做不好，你应该……"久而久之，你说每句话做每件事前都要想一想，会不会不妥，别人怎么想，一旦出现问题，是不是自己的错。

这样的人畜无害，人缘当然不错，人人都爱找你帮忙，因为你总能答应。你谨小慎微，维持着"好女孩"这个标签。直到你长大了，开始谈恋爱，不明白为什么每段感情都得不到男友热情的回应，他总容易忽略你的感受，你的付出也是理所当然。你依然如以前父母教育的一样，凡事自己反思，有什么情绪感受都自己闷着，等男友来发觉，可以主动关心你，可总是换来失望。

再后来，男友越来越冷淡，你在手机里发现他跟别的女孩聊天的记录，那些女孩不是那种一眼看上去的"好女孩"，大胆性感。他怎么会喜欢上这样的女孩？

然后，你分手了。你反思自己的前半生，到底哪里做得不够好。

好女孩就像一杯水，容易被很多人拿到各种场合去用，好女孩很听话百搭，他们说好女孩才有好姻缘。

可是很多个"好"字，却找不到一个"我"字。

好必须有原则，有理性，有价值，有锋芒，才会被看到和重视。

希望你成为你想成为的女孩，希望你敢于让别人失望，希望你能愤怒，希望你有边界，希望你去做一些别人不喜欢可你热爱的事情，希望你驱赶那些在你生活中指指点点的人，希望你说出"我乐意，要你管"。希望你生动鲜活，希望你，成为你。

这段话，送给所有"好女孩"。

8. 晨曦你好，怎么样成为一个内心强大的人？

赚很多钱不代表内心强大，变瘦变漂亮也不代表内心强大。

内心强大的实质是你很清楚自己是谁。

内心强大的前提是知道自己的弱点，完美地规避它；也清楚自己的强项，尽可能发挥它。人不需要面面俱到，只需要巧妙地最大化利用自己的优势。

你知道自己的弱点了吗？这是强大的第一步，不要跟它死磕。你知道自己的优点了吗？这是强大的第二步，在这个特点上不断重复地练习。

了解自己是这个世界上最值得花时间去做的第一件事。

9. 晨曦，我是个善良的人，却总是不被善待，没什么好结果，过得很不好。难道善良有错吗？

你说自己善良但是并没有好结果。这时候要注意，善良本身是发自本性的行为，合乎自己良知所发，不看结果的。若论有没有好结果，那此善良可能初衷是一种投资，只是投资失算没有得到回报，找个借口给自己。

你说人生过得不好，不知道具体指什么，如果分物质和精神层面的话，物质层面的获得需要你拿出体力或智力的价值去换得社会回报，精神层面需要你不断求知提升。

我们想过上好的生活，要披上铠甲去这个社会中竞争资源，善良是最里面的内衣裤，它是最安心的存在，换不来任何东西，但它值得保留。

10. 晨曦，旅行会让一个人成熟起来吗？我该不该辞职去旅行？

答：一个人真正成熟起来不是靠旅行阅读，诗和远方，而是靠一个人在外地独自谋生，第一次赚到一笔不容易的钱，事业里遭遇猝不及防的变故，感情里被背叛自己默默修复，靠自己真实深刻地入世和求生，为人生选择并且承担后果，为家人、爱人、身边人负责。

以上这一切才是最难的，复杂性和困难度远超"徒步去旅行""多少时间穿越全球""读了多少书考到什么文凭"。

与人性纠葛，与社会博弈，与金钱过招，这才是人生最难和顶级的修行。

11. 晨曦，是不是不相信爱情的人更容易成功？

应该说成功更容易眷顾独立、理性、对自己负责的人。

你真以为那些人是相信爱情？他们只是弱，弱到幼稚贪婪，把爱情当宗教许愿，不想面对人生只想找个依靠的"巨婴"心态。当你说爱情不存在，就像他们信仰的邪教被取缔一样痛苦无寄托。

12. 晨曦，刚入社会工作，总感觉自卑又孤独，怎么办？

如果你自卑又孤独，就找一件事，把这个事干好，以此发展出工作关系，然后社交关系，最后亲密关系。

千万不要忽略前面两个，一无所有，直奔亲密关系，容易遭遇忽视、冷落、抛弃，最后陷入更加自卑和孤独。工作和社交关系是基础，亲密关系是上层建筑。

有一份体面的工作和收入，其他关系就会发展顺利很多。

13. 晨曦，我今年 45 岁，有些迷茫，找不到自己，中年危机你怎么看？

中年危机的本质是我们误以为中年会比童年和青年更好、更富有、更从容。但这确实是个误会。

中年危机高发的人群是把人生当作方程式解题的那批人，老老实实地读书、工作、买房、结婚、生子。只是顺着年龄走，人生不会直接变好，只是努力而不灵活，也不会有太大效果。

人生预防危机在于独立思考、解决问题的能力，面对无常的坦然。

人生不是解方程式，它是流变的量子纠缠。

14. 你怎么看财富自由的标准？

心灵自由比财富自由更值得追求。心灵自由的内涵是：（1）不被消费主义绑架，合理有度地消费；（2）从事真心热爱的职业，并获得报酬；（3）精神丰富，享受人生乐趣而不是花钱乐趣。

唯有心灵自由才能让人真正解放，获得创造的快乐。

一个人真正财富自由的标志，不是资产数字，而是他不再需要为了金钱牺牲自己健康、睡眠、情绪、感情。

他生而为人，不再贩卖。

15. 为什么明明工作很累、赚钱很难，却总是控制不住花钱，哪怕欠债？

年轻人在职场作为工具人为资本家服务，消费带来的快乐是唯一的慰藉。痛苦地赚钱，再花钱买乐子，然后陷入负债，继续痛苦地赚钱还债。

打破这个恶性循环，需要做一份赚钱不一定多但是劳动过程就能带来愉悦感、成就感的工作，就能避免被消费主义和购物多巴胺收割，在工作中获得存在感。

快乐地赚钱，少花钱，稳定地储蓄，获得安全感，更加快乐地探索和创造。

16. 晨曦，最近感觉不开心，抑郁了，怎么办？

好好吃每一顿饭，跟动物、植物多待一会儿，留下一些值得交往的朋友偶尔说说话，每天坚持做一些小事，尽量完成工作但不勉强自己。下雨的时候去阳台闻一下泥土的气息，太阳不大就去楼下走走，逗逗遛弯的小狗，打开手机看一下治愈的段子笑一笑。

致可能抑郁的你，请活着，简简单单地，不要求自己太多，只是爱着生活，活下去。

另外，轻度抑郁可通过一些自我调节，自学心理学，运动锻炼，放松训练，使抑郁的症状达到缓解自愈。但如果这种状态维持超过一个月以上，负面情绪已严重影响生活和工作时，记得去医院接受专业的治疗。

尾 声

活出自己满意的人生

去，寻找压抑的真自我
去，做热爱的事情谋生
去，成熟面对爱情婚姻
去，发展能力与创造力

一生所求，爱和自由
爱绝非异性小我之爱
爱源于自爱，爱他人，爱生活
自由即自主，自律，自在
自己做主，形成自律，活得自在
这一生，先让自己满意